大学院活用術

理工系修士で飛躍するための **60**のアドバイス

面谷 信 著

TDU 東京電機大学出版局

まえがき

　本書は修士課程進学に迷う人と，進学後に戸惑っている人に向けて書きました。進学に迷う学部生には，進学が能力向上のみならず就職活動やその後の人生にどのようなメリットがあるかをお伝えします。修士生向けには，研究のテーマ設定や進め方，学会発表についてのアドバイス，就職活動のヒント，特許の取得法などが具体的に書いてあります。これらの内容は，学部生にも卒業研究や就職活動の際に参考となり，また大学院での活動の想像にも役立つと思います。

　昨今，理工系学生の大学院進学率は非常に高まっています。小学校から大学までの長い教育期間では，先人の知恵の習得が中心ですが，大学院では新たな課題を見つけ出しチャレンジする開拓力や解決力が集中的に磨かれます。急速な変化を続ける現代社会においては，この開拓型の力こそが期待されているのです。

　筆者は修士として企業の研究所に 17 年間勤める間に社会人として論文博士号を取得し，その後大学教員を 23 年間勤め今に至ります。その経歴をもとに，本書には企業での研究経験，大学での研究指導経験のエッセンスを詰め込んだつもりです。その間，いろいろ回り道もしましたので，皆さんにはなるべく近道をお伝えしましょうというのが本書の意図です。また，修士課程進学でその後の人生が拓けた実感にももとづき，本書では進学を強くお勧めしています。

　類書の多くは博士課程で博士号を取ることを主眼としていますが，本書は修士課程に焦点を絞っています。まずは修士課程進学を勧め，かつ修士時代を楽しみながら力をつける方法を伝授するのが狙いです。その上で博士号取得の意義や方法も紹介しており，読者の博士号取得も期待しています。本書中の特に論文執筆法や社会人の博士号取得方法は，社会人にもぜひ読んでいただきたい内容です。本書の 60 節は，そのまま 60 のアドバイスになっています。自分に役立ちそうな節を飛び飛びに読んでかまいませんので，自由に活用してください。

　本書によって，学部生の皆さんが自己の進学意義や適性を再認識し，修士生の皆さんは大学院生活の道しるべを得られるよう期待しています。修士課程に進学し，実りある修士時代を過ごすことにより，皆さんが自己の潜在能力を引き出し，より充実した人生を送りつつ自己実現に近づくことを願っています。

2021 年 3 月　面谷　信

目　次

第1章

修士課程進学の意義とメリット

大学院生はもっとも自由な学生
試験勉強からついに解放

　大学卒業までの教育期間は合計 6＋3＋3＋4＝16 年間になります。修士課程に進学すると，さらに 2 年を加え 18 年間の教育期間になるわけです。「16 年間で十分。勉強はもうたくさん」と思っている人も多いかもしれません。しかし，修士課程の 2 年間は，それまでの 16 年間とはまったく性質の異なる期間になるはずです。その 2 年間は，小学校以来の学生生活の中でもっとも幸せな時間になるかもしれません。皆さん試験勉強は好きですか？　もしあまり好きでないなら大学院は天国のように感じられるでしょう。大学院修了のためには，もちろん講義を受けて必要単位を取得する必要がありますが，試験を課す科目は多くありません。皆さんは今まで，授業を受け，試験勉強をして，高得点を取ってという繰り返しを，当然のこととして受け入れてきたと思います。大学院ではその繰り返しからついに解放されるのです。試験勉強から解放された学校生活はユートピアのように思えませんか？

　皆さんの中に，試験の制限時間が足りなくて悔しい思いをした人，試験では焦ってしまって実力が出せなかった人，そもそも暗記が苦手だった人はいませんか？（実は筆者はその部類です）　大学院で求められ磨かれる能力は，制限時間型や暗記型の能力ではなく創造力・企画力・持続力等，筆記試験では測りにくいタイプの能力です。試験が苦手だった人には，今まで成績として数値化されなかった秘めた実力が発揮できるステージが用意されています。

　これまでの十数年間の学校生活では，先人が調べ，確立した成果を覚えることを求められてきたわけですが，大学院では今までだれもやっていないことを探して新たに取り組むことが求められます。これまでとは求められる能力が違うのです。その点で，暗記型の勉強が苦手だった人は，ついに真の能力を発揮しうるチャンスです。暗記が得意で計算が速く試験に強かった人も，今度は開拓型の能力が新たに求められ，鍛えられるでしょう。

そもそも，インターネットの発達に伴って，必要な知識を即座に得ることが容易になり，百科事典を丸ごと覚えるような博覧強記型の才能は意味が薄れてきました。従来は記憶力のよい人が頭のよい人として尊敬される傾向がありましたが，今後は新しいことを生み出す能力や，新しい課題に対する解決力の高い人が価値を増していくと考えられます。コンピュータとネットワークの発達した情報化社会において「人間の真の価値とは何か？」と考えてみましょう。これまではさまざまな課題に対して答えを知っていることに価値がありましたが，これからは，インターネット上に載っていない新課題に対して答えを生み出せる人が存在価値を増して行くに違いありません。さすがに試験の際には検索手段は使えないので暗記が必要ですが，実は検索禁止は学生時代や資格試験の際の特別ルールです。会社の業務をこなす上で，検索禁止という縛りはないのです。

暗記型の勉強についに終止符を打ち，筆記試験では測れないタイプの能力を引き出しつつトレーニングするのが大学院です。大学院は皆さんの潜在能力の発掘，あるいは不足能力の強化を伸び伸びと進められるチャンスを提供します。

2 大学院生はなぜ伸びるか？

個別指導の効果は絶大

　学部卒業までの16年間と修士修了までの18年間の教育期間の差はわずか2年ですが，プラス2年でそれほど力は伸びるものでしょうか？　「学部生時代は自信なさそうで頼りなかったあの学生も，修士課程で一皮むけて堂々としてきましたね」との感想は教員間でよく話題になります。研究の進め方やまとめ方について2年間の個別指導を受け，修士論文を完成させるまでの過程で，着実に実力と自信が積み重なっていきます。学内での研究報告や学会発表を多く経験することにより，リハーサル過程での厳しい指導の効果も積み重なって，度胸もついて堂々としてくるものです。修士論文を提出するまでの試行錯誤の過程は，苦労して道を開きまとめ上げた実績による自信を与えてくれるでしょう。

　指導教員も2年間で修士論文を完成させる責任上，高い熱意を持って個別指導するはずです。学部生も卒業研究の個別指導を受ける機会はありますが，修士論文に対する2年間の個別指導は，卒業研究指導とは別次元の厳しさを伴うものになるでしょう。この濃い個別指導が大学院生の特権であり，皆さんの実力が急激に伸びると期待できる根拠の一つです。手厚い個別指導をじっくり受けることができる修士の能力向上は，当然の結果と言えます。学部時代とほぼ同じ学費で個別指導を受けられるとしたら，ずいぶんとお得な大サービスのコースとも思えませんか？

　大学院生として，実験科目や研究室での学部生指導で後輩の面倒を見る立場に置かれることも成長の糧になるでしょう。社会人になると当分は新入社員として後輩の立場が続きますが，大学院では後輩の学部生を指導する立場に置かれます。大学院生時代に上司や先輩としての役割を早めに経験しておくことは，社会人への準備としても大いにプラスになると思います。

　ただし，注意しておきたいことがあります。本書で示す進学のメリットは，修

士課程の2年間で相応の努力をし，自己研鑽に励んだ場合に期待されることです。社会に出るのを先延ばしにしたいだけの動機では，あまりお勧めできません。勉学意欲や研究への熱意なしに大学院に在籍し，何とか修士修了だけはできたとしても，本人に2年間分の実力がついていなければ，就職が2年遅れただけです。それなら，むしろ早く社会に出て経験を積んだ方がよいかもしれません。

　もちろん，進学のためには，大学院入学試験に合格することが必要です。試験科目や内容は大学により異なりますが，英語，数学，専門科目の学科試験に加えて，面接を行う大学が多いようです。1年に2回，夏季（7月頃）と冬季（2月頃）に入試を行うのが通例ですが，夏季のみの1回の場合もあります。学部での成績上位者に対しては推薦入学枠が設けられていることが多く，その場合は学科試験が免除となります。進学を目指す場合は，学部で上位の成績を確保し，この推薦枠を使うことを強くお勧めします。大学院入試に対する受験勉強はよい復習にはなりますが，卒業研究には集中しにくくなるからです。他大学の大学院の入試を受けて進学することも可能ですが，希望先の大学院において，どの指導教員の元でどのような研究テーマを担当させてもらえそうか，事前に明確な見通しを得られた場合の大決断として，熟考が必要だと思います。

3 修士は就職に有利

特に開発系の仕事を望む場合

　今や日本における大学進学率は約5割ですが，文系を含めた全大学の大学院進学率の平均は大学卒業者の1割程度です。仮に大学卒業者の1割が修士になるとすると，同世代の中で修士の人口比率は50％×10％＝5％になります。1950年代の大学進学率は10％程度で，大学卒はかなり希少価値がありました。比率を考えると，今でも修士には希少価値がありそうです。

　製造企業における組織を，研究開発部門－設計部門－製造部門に大別すると，一般に大学院修了者（修士／博士）は研究開発部門や設計部門に多く配属される傾向があります。もちろん本人の希望にもよりますし，学部卒業者（学士）にも希望や適性によって研究開発部門寄りへの配属チャンスは十分あります。しかし，可能性の高さという観点では，もし研究開発部門や設計部門の仕事を希望する場合は，修士の方がチャンスは大きめと期待できます。

　改めて採用側の立場から考えてみましょう。修士課程進学者は学部成績が上位なので推薦枠で進学したか，または大学院入学試験で合格点を取り，面接をクリアした学生のはずですから，学力的にも人物的にも品質保証つきと期待できます。また，修士進学を決心したからには，自分を磨こうとする向上意欲を持っているはずです。採用側としては，修士には安心要因を感じてくれるでしょう。

　一方，修士課程で2年間研究した専門を会社でも生かしたいと考えるのが，修士の当然の期待だと思います。しかしこれについては少し柔軟に考えた方がよいと思います。採用側が修士に期待するのは，専門テーマを会社業務に直接生かすことよりは，大学院で鍛えた開拓力，企画力，突破力等，一般的な能力や意欲の高さだと思います。しかし逆に「大学院で取り組んだ専門を生かせる就職は難しいらしいから進学はむだ」などと考えてはいけません。大学院で自己の能力を高めることによって，どんな課題に対しても対応能力が高まった状態で社会に出られると期待してください。もし大学院での専門を社会で生かしたいならば，博

士課程まで進学することをお勧めします。ただし博士課程進学については，人生設計上の問題として修士在学中に改めて熟考すべきと思います。

　学歴・学力・知識の点では博士への期待はもちろん最大ですが，柔軟性や向上性の余地の点では修士が企業から見て魅力的に感じられる面もあると思います。

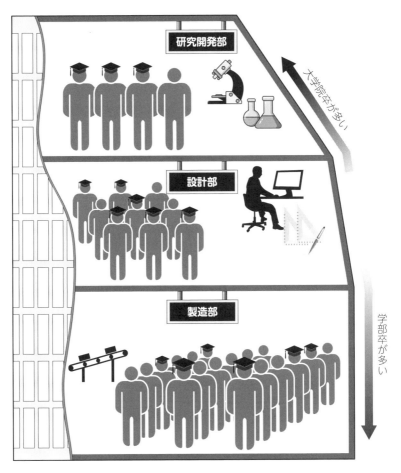

研究開発部

設計部

製造部

大学院卒が多い

学部卒が多い

企業の構成員イメージ

4 進学の判断材料は？
進学の収支は生涯賃金で考える

　本書は大学院進学を勧める趣旨で書いていますので，自然と大学院進学のメリットを強調する論調になっています。しかし，志向や性格や適性は人それぞれですので，適性を見極めてみましょう。その適性診断のための質問表を用意しました。回答欄に○を記入してみてください。

進学適性を見極めるための質問表

質　問	は　い	分からない	いいえ
研究に興味があるか？			
実験は好きか？			
学会発表してみたいと思うか？			
研究開発の仕事に興味はあるか？			
博士号に興味はあるか？			
大学生活は楽しいか？			
好きなことにのめり込む方か？			
人に教えることは好きか？			

　回答欄の左寄りに○が多いほど進学向きと考えられます。中央欄に○が多いなら自分の興味や可能性を見極めるために進学してよいと思います。右寄りに○が集中するなら，社会で早く活躍を始めた方がよいかもしれません。研究開発系の業務に興味がある人は特に大学院進学向きだと考えられます。

　ただし，診断結果にかかわらず何となくでも進学してみたいと思うなら，進学を選んでよいと思います。2年間を自分の可能性を見極める期間に使ってもよいのです。また，修士の人は，右に○が多くても今さら悩む必要はありません。学費の工面がついているなら，進学で得るものはあっても失うものはないのです。

　学部卒業生（学士）が期待できることとして，早く社会人になり OJT(On the Job Training) を受けつつ自己研鑽にも励めば，入社2年で平均的な修士より実力や自信がついている可能性も考えられます。しかし，どのようなトレーニング

を受けられるかは会社や上司にもよります。また，業務をこなしながらの自己研鑽には体力や意志力も必要です。その点，修士課程では個人指導を受け自己研鑽に集中できる2年間が確保できるので，能力向上の確実性は高いでしょう。これを社会人としての活躍を2年間遅らせ，2年分の学費を使う見返りと考えることもできます。

　ここで，進学の金銭面についても考えてみましょう。当面の収支としては（2年間の学費）＋（2年分の給与）の数百万円が学士と修士の差額となり，生涯収支は学部卒が有利に思われそうです。しかし社会人生活は約40年ある勘定です。その間，大学院で磨いた能力を社会で発揮し，相応の処遇を受けることができれば，高めの収入曲線を長期に保てるでしょう。修士課程で十分な研鑽努力をして高めた能力を社会人として活用できれば，長期的な上乗せ分は前記の差額を上回り，生涯賃金としては有利となることが期待できます。生涯賃金の期待値として，大学院修了者は学部卒業者よりも4,000万円以上多くなるとの試算結果も報告されています[†]。ただし，これも平均の期待値です。個々に見れば努力家の学士は怠惰な修士より高い生涯賃金を得るに違いありません。

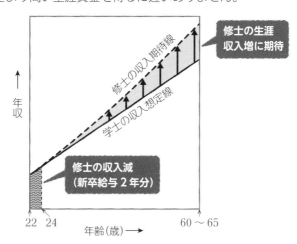

修士の生涯賃金の減少部分と増加期待分

---

† 柿澤寿信ほか「大学院卒の賃金プレミアム－マイクロデータによる年齢－賃金プロファイル分析－」，内閣府経済社会総合研究所，2014，
http://www.esri.go.jp/jp/archive/e_dis/e_dis310/e_dis310.pdf，2021年1月15日現在

5 学費が心配？
奨学金を活用しよう

　大学院には進学したいが，「学費の目途が立たない」「親が出してくれない」と悩む学生も多いと思います。そのために奨学金という制度があるのはご存じのとおりです。けれども卒業時に借金を抱えるのは不安で，無事返済できるか自信がないという声もよく聞きます。

　ここは冷静に計算してみましょう。詳細な数値は表に示しましたが，例えば日本学生支援機構[†]が運営している無利子の第1種奨学金で月額8万8千円を2年間借りたなら総額約211万円になります。返済期間が14年間と長いので返済月額は1万2千円強です。利子つきの第2種奨学金は月額15万円まで借りることができます。例えば第2種奨学金を月額10万円借りると2年間の総額は240万円になりますが，その返済としては，毎月約1万4千〜1万7千円（適用金利により額は変わる）を15年かけて返すことになります。日本学生支援機構のHPでは，各人の希望条件を入力すると貸与・返還のシミュレーションができるようになっています。

　総額は学生の金銭感覚からすると決して小さい金額ではないのですが，借りる期間の7〜10倍程度の期間をかけて返済するので，返済月額は意外に少額です。大卒の初任給が約20万円とすると，手取り15万円程度としても，1万円程度やりくりするのは無理のない範囲（飲み会2回分？）と思えませんか？

　「もし就職できなかったときの返済はどうなるのか？」と心配する人のためには返還猶予の制度も用意されています。万一就職できなかった場合はその事情を申告すれば返還開始を待ってもらえるのです。奨学金制度や返還猶予等についての詳細は，日本学生支援機構のホームページに詳しく掲載されていますので，自分が貸与を受けた場合の返済額等の条件を確認してみることをお勧めします。大

[†] 日本学生支援機構ホームページ「奨学金」
　https://www.jasso.go.jp/shogakukin/，2021年1月15日現在

学の奨学金取り扱い担当部局に相談に行くのもよいと思います。

　進学希望を家庭の経済状況のために断念するとしたら，とても残念なことです。しかし，厳しい言い方ですが，不本意な進路選択を家庭環境のせいだと不満をためても，何もポジティブなことは起こりません。本当に進学したいなら奨学金を地道に返済する覚悟を決めて，家庭の経済状況によらず大学院進学を決断するのも，人生の岐路における選択肢の一つだと思います。

　あまり知られていないようですが，日本学生支援機構の奨学金制度には，大学院で頑張った人へのすばらしいご褒美が用意されています。貸与された奨学金の全額または半額を帳消しにする返還免除という制度です。修士として受けた奨学金に関しては，修士課程在学中に特に顕著な研究成果をあげた奨学生が返還免除対象者になります。大学からの推薦名簿に基づいて日本学生支援機構が対象者を選定する手順です。推薦基準は大学によって異なりますが，学会発表件数，投稿論文件数，学会等からの受賞件数等を点数づけして順位つきの推薦名簿を作成するのが一般的だと思います。

　大学院において努力し，学会発表や論文投稿を多く行った人は，返還免除を受けられる可能性が高いことになります。返還免除を前提にした人生設計はさすがにリスクが高過ぎますが，大学院で努力してだれにも負けない実績を積み上げ，返還免除の候補者入りを目指すのは励みになると思います。

奨学金の貸与額と返済月額の例（日本学生支援機構の HP 上でのシミュレーション結果の例）

種　類	貸与月額	貸与総額 （24か月分）	返還月額	返済期間
第1種 （無利子）	8万8千円	211万2千円	1万2千571円（無利子）	14年
第2種 （利子付）	8万円	192万円	1万2千744円（金利0.5%時） 〜1万5千59円（金利3%時）	13年
	10万円	240万円	1万3千874円（金利0.5%時） 〜1万6千769円（金利3%時）	15年
	15万円	360万円	1万5千801円（金利0.5%時） 〜2万185円（金利3%時）	20年

2021年1月現在

11

コラム 1 私の進学・就職裏話

　参考実例として筆者の進学経緯とその後の人生についてご紹介します。私は大学入学時から少なくとも修士課程には進学したいと思っていました。研究開発系の仕事をしたかったので，修士修了は必要と考えていたからです。在籍していた工学部に推薦進学制度はなかったので，進学希望者は全員が大学院入試を受験しました。大学受験並みの入試勉強をしたつもりでしたが，夏の入学試験で不合格となってしまいました。急に弱気になり，就職に切り替えて機械系と電気系の企業の入社試験を受ましたがご縁がなく，冬の第2回大学院入試を受けることにしました。いよいよ背水の陣の心境で受験勉強し大学院浪人はせずにすみました。

　機械工学系の専攻でしたので，自動車メーカー等を志望する学友が多い中，筆者は電電公社（現NTT）を就職先に選びました。大きな選択理由の一つは，当時電電公社では非電気系の修士は100％研究所配属になるとの情報を得られていたからです。実は，機械系の学科では電気系方面へは希望者が少なく，学科内での競争が少なかったという理由もあるのですが…。

　念願の研究開発の仕事に就けたのですが，慌てて電磁気の教科書を買って勉強する泥縄状態もありました。研究所ではカラー画像プリント技術に関する研究を担当し，学会発表や論文投稿は積極的に行っていました。数件の論文が出せたので，関連分野の大学教授に相談に行き，論文博士号取得のご指導をいただけることになって，博士号を取得できました。その後も学会には積極的に参加していましたが，そのご縁で画像技術分野の大学教授からお誘いをいただいて大学に転職することになり，今に至っています。現在の主な研究テーマは電子ペーパーで，それが本書中の例文等にも顔を出しています。

　筆者はこのような体験から，修了後の進路として修士時代の専門に必ずしもこだわる必要はないことや，何かと学会に関わってアンテナを立てていると博士号取得や大学に職を得るチャンスもめぐってくることを実感しています。

第2章

大学院生活の始め方

6 大学院で何を目指すか？
志と目標を再確認しよう

　大学院生になったら，まず次のようなことを自問自答してみるとよいと思います。志の再確認と2年間の目標の確認です。

- なぜ自分は進学したのか？
- 何がやりたいのか？
- 何を身につけたいのか？
- この2年で何を成し遂げたいのか？
- 修士課程を出たらどうしたいのか？

　2年間の目標は例えば，次のような漠然としたものでもかまいません。

- 大手企業の研究開発部門で，先端的な研究成果により画期的な新商品を生み出すような仕事をしたいので，修士課程で企画力，発見力，持続力，プレゼン力を磨きたい。
- 在学中は研究成果を次々と学会で発表し，できれば何かの賞を学会から授与されるような成果を出したい。

　大風呂敷の皮算用で大いに結構だと思います。目標は高い方がよいのです。

- 在学中にできるだけ発表件数や論文数や受賞数を積み上げて，奨学金返還免除を勝ち取りたい。

　このような目標も分かりやすく励みになってよいと思います。結果的に実力もつくでしょうから，実用的な金銭面も合わせて一石二鳥の目標になります。
　これらの思想的な目標とともに次のような数値的な目標はいかがでしょう？

- 学会発表：年間最低1回以上，2年間で少なくとも2回以上を目標とする。
- 国際会議：1度は英語発表，できれば海外での発表を経験したい。
- 学会誌等へ論文投稿：在学中の成果で何とか1件出す。

　実はこれらは筆者が修士の達成目標として学生に提示している実例です。大学院生として修士論文の作成，学内発表は，あくまで内部向けの教育上の最低ノル

マで，そのままでは世の中に何も貢献できません。せっかく努力した成果は世の中へ情報発信し，称賛・激励・助言等，何らかのリアクションをもらいましょう。

　学会に参加することの意義は 15 節で詳しく述べますが，学会発表や論文投稿は大学院生の特権とも言える部分です。学部生としての 1 年間の成果で学会発表までたどりつくのは少しハードルが高いですし，一方で卒業後に社会人として学会発表のチャンスがいくらでもあるかというと，実はそうでもないのです。学会発表や論文投稿を経験するには，大学院時代が最大のチャンスで，もしかしたら最後のチャンスかもしれません。

　ちなみに，学費のためにアルバイトをする人は，時間を取られ過ぎないようにしましょう。学費や小遣いが確保できても本業の研究時間が確保できないのでは，何のための進学なのか分かりません。最悪のケースとして，修士論文を 2 年間で完成できず，もう 1 年在学し学費を余分に払うのでは，何のためのアルバイトだったのか本末転倒です。アルバイトとしては，学内でティーチング・アシスタント（Teaching Assistant：TA）を務める教育補助業務が非常にお勧めです。時間給では居酒屋やコンビニのアルバイトの方が高いかもしれませんが，教える仕事は自分自身の能力アップのチャンスにもなります。また，TA 経験は就職活動の際にプラス要因として評価されることが期待できます。

7 研究テーマはどう決めるか？
自分の志向や特性を反映する

　本章のタイトルは「大学院生活の始め方」ですが，特にここからは「卒業研究の始め方」と読み替えて学部生にもぜひ読んで欲しい内容です。

　修士課程で卒業研究テーマを継続する場合も，改めて研究テーマについて考えてみましょう。長期的に取り組む観点で，到達目標の高度化や方向性の再設定などの軌道修正があって当然です。卒業研究とは別の新領域や新テーマにチャレンジしてもよいのです。また，テーマ再検討の時期は修士のスタート時のみとは限りません。研究テーマの方向性や目標設定は，研究の進行に伴い随時見直すべきものです。

　ともかく，研究の成否はテーマ設定の段階で9割決まるとも言われます。テーマ設定の指針を列挙してみます。

- 意義のある研究であること（社会のだれかが何らかの恩恵を受ける）
- やる気の出る研究テーマであること（モチベーションを維持できる）
- 困難過ぎないこと（在学中に何らかの進展や成果が見込める）
- 自分の特性や好みに合っていること（能力が生かせる）

　研究テーマの絞り込みは，右図のような包含関係で考えましょう。漠然とした広いテーマ範囲に対して，社会の要請（期待），自分の得意なこと（能力や興味）を勘案して共通領域を絞っていきます。テーマの絞り込みは，自分で考えるべき重要な作業です。社会の要請やそれに対する解決状況を知るには，その分野の専門書や論文を多く読むことも必要です。何を読むべきかは，指導教員に相談すると早いかもしれません。この段階で時間をかけて調べ，十分に考えることは研究行為そのものですので，おろそかにしてはいけません。

　研究室の研究領域は指導教員の専門分野によるので，皆さんは研究室選びの段階で，自分の望む領域に近い研究室を選んでいることが多いと思います。研究室内でのテーマ選定には自由度があり，指導教員との相談や調整を経て自分のテー

マが定まるでしょう。しかし，この段階では自分の研究分野が漠然と定まっただけです。漠然としたテーマ範囲から，具体的な目標やアプローチ方法を決めて研究テーマに絞り込んでいくのは，皆さんが知恵を絞るべきところです。

　研究テーマをゼロから考えるように自発性重視で指導される場合もあるでしょう。その場合，研究分野を漠然と定める段階から始まりますが，指導教員の専門分野は考慮した方が堅実です。指導教員の専門分野に近いテーマほど，深い指導が期待できます。しかし，大きな飛躍を大胆に狙うなら，指導教員の手のひらの中で考える必要はありません。まずは自由に考えてみましょう。

　逆に，研究室に大きな研究プロジェクトがあり，課題リストに対し分担を決めていく場合もあるでしょう。その場合は，自分の得意なことや興味を勘案して担当課題の希望を述べるとよいでしょう。また担当課題を解決へ導く手法や手順は，詳細なテーマ設定として自分で考えるべき部分です。

　いずれにしろ，1人で悩み続けるよりは，ある程度考えたら指導教員に相談し，軌道修正を行いながら研究テーマを具体的に絞り込んでいくとよいと思います。受動的に指導を受けるより，指導教員とのディスカッションを通じ，指導教員の頭脳も拝借して能動的に着地点を探すのが理想です。そのような相談には指導教員も喜んで応じてくれるでしょう。

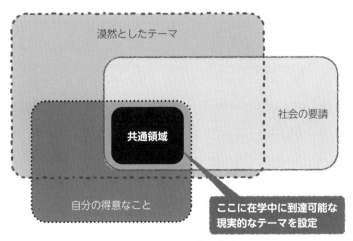

漠然としたテーマ

社会の要請

共通領域

自分の得意なこと

ここに在学中に到達可能な
現実的なテーマを設定

研究テーマの具体化方法

8 研究意義を確認
社会ニーズ, 独自性, 理想ゴールの3点セットを書いてみる

　研究テーマの意義や独自性を再確認するための便利な手法として, 次のような研究意義3点セット（社会ニーズ, 独自性, 理想ゴール）を書いてみるのがお勧めです。このように頭の整理をしておくと, 例えば就職面接で「今どんな研究をしているの？」と聞かれたときにも, 研究の意義や独自性をスラスラと答えられると思います。また学会発表での研究の背景説明や, 論文の序論も書きやすくなります。

1) 社会ニーズ（社会から求められていることを具体的に説明）

　社会（あるいは学術界）から何が求められているか, 何が期待されているか。だれが困っているか。だれを喜ばせるか。

　　[例：目標とする○○に対し, 現状では○○が○○であることが○○上のネックである。○○が○○になれば○○が○○になり, ○○に関してメリットがある]

2) 独自性（自分の研究の独自性を強調）

　自分のやろうとすることは従来と何が違うか。独自性はどこにあるのか。どこがよいのか。アピール点は何か（社会から強く要請されるテーマであれば, すでに世界中で研究が進行中であることが普通。それらの先行研究と何が違うのか）。

　　[例：本課題について従来は○○のような検討はなされているが, ○○が○○な現状である。これに対し, 本研究では○○を○○することを特徴とするので, 従来の検討とは○○が異なり, ○○が期待できる]

3) 理想ゴール（理想とする到達目標とそれに向けての意志）

　自分はどうしたいのか。自分の求める理想は何か。ゴールはどこにあるのか。大風呂敷気味に自分の意志や夢を表明する。

　　[例：自分の理想は○○を○○することです。○○をぜひ達成したい]

　また, 研究テーマ名も決めておく必要があります。「どんな研究をしているの

ですか」と聞かれたとき，私の研究テーマは「○○○の研究です」と分かりやすいテーマ名を的確に答えられるようにしておきましょう。実は研究テーマ名には研究意義3点セットのエッセンスが盛り込まれていることが理想です。少し長くてもかまいません。テーマ名だけで内容が分かる方がよいのです。この3点セットやテーマ名がうまく書けないときは，まだ研究テーマの意義や独自性やゴールが自分で消化できていないということです。その場合は研究の方向性を改めてよく考え，できれば指導教員に相談に行くとよいと思います。

実は，この研究意義3点セットをまとめる手法は，筆者がNTT在職中に，当時の研究所長が全研究員に求めていたものの受け売りです。当時求められたのは，① 志，② 社会の要請，③ オリジナリティの3点セットだったと記憶しますが，本書で提案しているのは，その順序と表現を筆者がアレンジしたものです。筆者は研究室の学生に研究意義3点セットを発表させてきましたが，各自のテーマへの着手段階で研究の意義や独自性を学生自身に再確認してもらうのにとても役立ちました。正直に白状すると，筆者が書く方の立場だった当時は，「3点セット，面倒くさいな」と思っていたのですが，自分自身が指導側になってみて，その有益さを実感しています。

研究意義3点セットの例

研究テーマ名	電子媒体上の手書き作業の効率と快適感の評価
1) 社会ニーズ	液晶タブレット端末や電子ペーパー端末上において高効率で快適な手書き作業が可能であれば，紙上作業を置き換えて紙の消費量を減らすことができる。しかし，電子媒体上での手書き作業の効率や快適感の評価はまだ十分にされていない。
2) 独自性	電子媒体上での電子ペンによる手書き作業では筆跡の遅れや位置ずれがよく問題にされる。それらは書こうとする文字の大きさにもよるのではないかと思われる。本研究では書こうとする文字サイズにより書き込み作業速度および快適感の評価がどう変化するかを重点的に測定することにより，筆跡遅れや位置ずれの影響を詳しく評価する。
3) 理想ゴール	電子媒体上でも紙に劣らない手書き作業の効率や快適性を得られるようにするための問題点とその解決の方向性を示すことによって，オフィス作業や教育現場の電子化の促進に貢献したい。

9 研究の上手な進め方

最小の努力で最大の成果をあげるには？

　研究テーマの意義を確認し，社会ニーズ／独自性／理想ゴールが明確になったら，いよいよ研究を進める段階です。しかし，ここでやみくもに実験等を始めてはいけません。2年間である程度の成果をあげるためには，あまり回り道をせず最短距離でゴールに向かいたいものです。

　次の手順で実験や計算を始めるのがお勧めです（以降，実験を伴う研究の場合を例として説明します）。

① 結論として何を言いたいか明確にする。

② その結論に至るためには根拠としてどんなデータが必要か考える。

③ そのデータを得るためにはどんな実験が必要か考える。

　「実験を行って初めて結論が得られるのではないか？」と疑問に思うかもしれません。そのような研究もありえますが，むしろ大部分の研究は，ニーズとゴールが明確であれば，達したい結論もある程度決まっているはずです。その結論に達するために実験を行うことがむしろ自然な流れです。

　理想とする結論に達するための根拠となるのが実験データです。その実験データは多くの場合，グラフで示すことになると思います。そこで，結論の根拠となる想定グラフを書いてみることをお勧めします。実験の結果がこんな形のグラフになってくれれば，予定の結論に到達することができるという想定グラフを，フリーハンドでノートに書いてみましょう。その際，「グラフの横軸と縦軸は何が適切か？」から考える必要があります。

　想定グラフができれば，そのグラフを得るためにどんな実験をすればよいかを考えます。「グラフの横軸，縦軸にはどのような数値範囲が必要か？」「グラフ上に測定値の曲線は何本欲しいか？」「曲線の形を決めるのに測定点は何点必要か？」等々を詰めていけば，どんな実験をどんな細かさで行うとよいのか自然と決まります。

　実験を始めてみたら，想定していた結果にならない場合も多々あるかと思います。その場合は次の二つの場合を想定する必要があります。

　1）実験の手法や条件や材料等に問題があった。

　2）想定結果や想定結論自体が間違いであった。

　上記のいずれかであることを簡単に判定することは難しいと思います。二つの可能性があることを念頭に手法，条件，材料の見直しも含め再実験を行うことにより判定をすることになるでしょう。一般に研究に時間がかかるのは，このような再実験を繰り返し行うことになるからです。

　例えば青色発光ダイオードの実現で2014年のノーベル物理学賞を受賞された天野浩先生は，窒化ガリウムという材料に注目し，窒化ガリウムを用いて優れた青色発光ダイオードができるはずだという想定結論に対して，失敗実験を1,500回は繰り返したそうです†。結晶成長の条件をあれこれ変えながらついには理想的な結晶ができるまで試行錯誤を何年間も続けられました。想定結論に確信を持っていたからこそ，失敗の連続にもくじけずに実験を続けることができたのでしょう。

　想定結論自体が間違っていたらしいという場合，研究は失敗でしょうか？　そうとも限りません。結論を変えればよいのです。例えば，この材料を使えば目標を達成することができるという結論を目指していた場合，この材料は目標の達成には不向きであるという結論になったとしても，それはそれで有用な研究成果です。なぜなら，それを学会等できちんと報告すれば，同じ分野の研究者がその不向きな材料でむだな試行をしなくてすむからです。

†　日経テクノロジーオンライン「青色LEDでノーベル物理学賞の天野浩氏に聞く」日経ビジネス，2017, https://business.nikkei.com/atcl/report/15/277609/041200012/, 2021年1月15日現在

10 実験の進め方
粗い実験から始めよう

　ここでは，実験の開始段階でのアドバイスをしたいと思います。最初から条件をあまり細かく刻んだ実験や計算を始めないことをお勧めします。実験条件や計算条件を大胆に粗く広範囲に設定して全体傾向をつかむようにしましょう（条件を大きく変えると装置が壊れる危険があるときは別です）。なぜなら実験結果が想定結論に向けての想定結果に整合するかどうかの見極めを，早くつけたいからです。もし結果が想定どおりでないなら，実験条件の見直しか想定結論の見直しをしましょう。想定どおりであれば，グラフ上にカーブが迷わず引けるだけのプロット点を確保すべく，実験条件を細かく刻む段階に進みましょう。

　例えば電圧条件を 0 V から 100 V ぐらいまでの範囲で 10 段階程度に変えた実験を行いたいときは，どのような刻み幅がよいでしょうか？　0, 10, 20, 30,……, 90, 100 と 10 V ずつ刻みたくなりませんか？　でもこのような刻み方は一般にあまりお勧めできません。なぜなら，10 V から 20 V へは 100％の上昇率ですが 90 V から 100 V へは約 10％の上昇率に過ぎず，上昇率の刻み幅に大きな違いがあるからです。条件の比率均等性を重視して，例えば下から 2 倍ずつ上昇させて 0, 1, 2, 4, 8, 16, 32, 64, 128 V の 9 条件で実験を行う方が，より妥当な条件設定であることが多いのです。一般に，比率均等に刻む方が実験条件数も少なめにできます。条件間の差分を 10 V ずつ均等に刻むような条件設定は，差分均等にすることに何か大きな意味がある特別な場合のみと考えた方がよいと思います。ただし，電圧を増加させていくと，どこかで素子が破損する恐れがあるような場合は，例えば 10 V ずつ慎重に上げていく方が安全でしょう。

　グラフ上にプロット点が何点か打てたら，それらが表すカーブを書きたくなります。直線近似をすべきか，2 次曲線で近似すべきか，指数関数で近似すべきか等々，プロット点の配置で判断する前に，どんな物理現象等が実験結果を支配しているはずかをまず考え，当てはめるべき曲線の種類を決めるべきです。それが

決まらない場合はとりあえず全部のプロット点を折れ線でつないでおけば，誤った予断を入れないという観点で安全です。グラフを描く際には，縦軸／横軸は対数にしなくてよいかを，常に念頭に置く必要があります。縦軸／横軸を対数スケールにした両対数グラフにするとプロット点が見事に直線に乗るというケースはよくあるからです。下図に，通常グラフでは曲線となる測定結果が，両対数グラフでは見事に直線になる例を示します。対数グラフでは，測定条件を 10 ～ 100 の間で 10 ずつ均等に設定した場合，100 に近づくにつれ測定条件の間隔が詰まり過ぎとなっていることも分かります。

　実験データを記録する際は，少なくとも日付は記録しましょう。できれば天候，気温，湿度も記録しておくとよいのですが，最低限日付を記録しておけば，当日の気象条件はほかのデータベースから後日探してくることができます。なぜあの回だけ理想的な実験結果が得られたか，逆に変な実験結果が得られたか，実は温度や湿度が絡んでいたというケースは珍しくありません。筆者には，冬の間は調子がよかった試作装置が，春になったら急に放電破壊を頻発するようになり，原因が分からなくて困った経験があります。実は冬から春にかけての湿度上昇が原因であることに気づき，湿度対策を施したら放電破壊問題は解消されました。

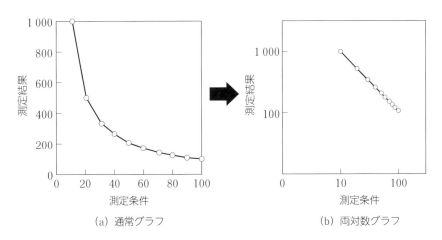

(a) 通常グラフ　　　　　(b) 両対数グラフ

曲線のグラフが両対数グラフで直線になる例

11 問題解決の技法
慌てて解き始めないこと！

　研究とは，つまるところ何らかの問題を解決することです。ここでは問題解決の技法について一般的なアドバイスを述べたいと思います。問題を前にすると，急いで解き始めたくなるのが自然な反応ですが，解き始める前によく考えましょう[†]というのが，これからお伝えしたいメッセージです。解決作業に入る前に，まず何が問題で何がゴールなのかを見極めないと「解き終えたつもりになっているだけ」という結果になりがちです。問題解決には，次のような手順を踏むことが理想です。

① 問題の分析

　問題が与えられると，つい反射的にすぐ解き始めたくなります。でも急いではいけません。まず問題を分析し，「何が問題の本質か？」「だれがどのように困っているか？」「何が解決されれば問題の解消になるか？」等の観点で自分の取り組むべきターゲットを明確化しましょう。このプロセスを飛ばして問題を解き始めると，解いたつもりで，実は解決策になっていない結果になりがちです。

② 複数の解決策の列挙

　一つの解決策を思いつくと，そのアイデアに沿って詳細な検討に進みたくなるものです。しかしそこで一度立ち止まって，ほかに解決策がないか考え，少なくとも二つ以上の解決策候補を用意しましょう。

③ 解決策の長所だけでなく短所も抽出する

　思いついた解決策が本質的な解決にはなっていても，解決策の副作用として何か別の問題や不具合が生じることは珍しくありません。解決策に副作用や弱点があるとしたら何かという観点で考えましょう。

④ 解決策を選択

　複数の解決策の有効性と副作用を列挙して，解決策を選択しましょう。一見よ

[†]　G. ポリヤ（著），柿内賢信（訳）『いかにして問題をとくか（How to solve it）』，丸善出版，1975

さそうな解決策でも，致命的な副作用や弱点があるものは選択できません。複数の解決策の「よいとこ取り」をした妙案を思いつくチャンスでもあります。

　実は，現実の世の中では，上記の手順を踏んでいない「解決策のつもり」が多いのが実態です。解決策のマイナス面をきちんと見積もらないことによって，出て当然の副作用に慌てるケースがよくあります。実は国家政策のレベルでも，解決方法の選択や実行を急ぎ過ぎたと思われるケースが結構見られます。例えば，小中学校で「落ちこぼれ」が多いという課題に対して，教育内容を少なめに絞り込むという解決策を取ったら，今度は全体の学力低下が問題になったという実例があります。これは「教育内容を絞ると学力は全体的に低下するかもしれない」という短所と，「落ちこぼれは減らせるだろう」という長所を，あらかじめ両天秤にかけて冷静に判断すべきところを急ぎ過ぎた例と思われます。

　もっと身近なケースでは，試験で焦らずに問題文を読めば，解答上の指定事項が明記されているのに，それを読み飛ばしたために減点になるケースを，採点の際に頻繁に目にします。課題を前にしたら「慌ててすぐに解き始めてはいけない！」という警鐘を忘れないようにしましょう。

12 アイデアの生み方
問題意識を高めることから

　研究において，何か新しい発想が必要な場合，どうすればすばらしいアイデアを思いつくことができるでしょう？　装置構成，実験方法，計算方法，仮説，メカニズム説明等々，新発想を求められる対象は多くあります。実はアイデアの発想方法に関する書籍は古来より多く出版されています。詳細は他書をじっくり読んでいただくことにして，ここでは簡潔に要点のみ示したいと思います。

　お風呂やトイレでひらめく話はよく聞きますが，アイデアのひらめきを待つ前に，しておくべきことがあります。次のようなことをよく考え，できれば要点をノートに整理してみましょう。

1) アイデアを待つ準備

- 達成 / 解決したいことは何か？
- それはなぜ達成 / 解決できないのか？（何がネックか？　何が不足か？）
- 同様の課題をすでに解決した例はないか？
- 最短距離の正面突破でなく，回り道の目標達成ルートはないか？

　アイデアのひらめきを期待するには，このような（特に最初の二つの）準備をまず確実にすませるべきです。頭の中で問題の整理がすんでないと，アイデアは生まれません。頭の整理がすんだ後には，例えば次のような場面でアイデアが生まれやすいように思えます。

2) アイデアが生まれる場面

- 静かな部屋に 1 人でこもって考える。
- 歩きながら考える。
- だれかに相談する。
- 複数のメンバーでブレーンストーミングを行い網羅的なアイデア出しをする。

　このようなことを行ってもなかなかアイデアが出ない場合は，しばらく間を置きましょう。トイレやお風呂やベッドでひらめきが得られるとすると，このよう

なタイミングです。アイデア出しのためにやるべきことを一度やりつくして，それでも出なくて行き詰まっている状態まで達していれば，アイデアの方からやって来てくれることもあるわけです。行き詰まりまで行く努力なしに，お風呂で急にひらめくなど甘過ぎる期待です。十分に頭を絞った人は，枕元にメモ用紙を置いて寝ましょう。夢の中でベンゼン分子の環状構造のアイデアを思いついたと伝えられるアウグスト・ケクレという化学者の逸話もあります。6 個の炭素原子が二重結合と単結合で交互に連結して環状の分子を形成するというアイデアは，「暖炉の前でうとうとしていた際，蛇が自分の尻尾に噛みついてグルグルと回り出し，これから着想を得てベンゼンの構造に思い至った」と伝えられています[†]。蛇ではなく 6 匹の猿が手と尻尾を使って輪を作った夢だという説もあり，真偽のほどは明らかではありませんが，うとうとする前にケクレが散々考えあぐねていたことは確かなようです。

[†]　M. Francl『A molecule with a ring to it』Nature Chem, 2015, 7, 6-7, doi:10.1038/nchem. 2136

13 研究指導の受け方
効率的に悩もう

　皆さんは指導教員からいろいろと指導を受けながら，研究テーマの設定，実験や計算の進め方，学会の発表予稿作成，学会発表の準備，等々を進めていくはずです。その際の指導の上手な受け方について，お伝えしたいと思います。ただし，自分の指導教員に当てはまりそうかどうかは，自分で見極めてください。

1) 指導は積極的に受けに行く

　時間をかけて頑張ったつもりで，いざ指導を受けに行ってみたら，見当違いの方向へむだに時間を浪費していたという状況は避けたいところです。研究の進め方を長期間悩んでいたが，相談に行ったらあっさり解決という状況もありがちです。学会発表や修士論文作成に向けてのスケジュールも考慮して，早めの相談がお勧めです。指導されるのを待っているのではなく，積極的に指導をお願いするのがよいと思います。指導教員は，積極的に指導を受けに来る学生に対しては，結果的に多くの指導時間をかけることになります。

2) 少しは悩んでから相談に行く

　前述と逆のアドバイスに聞こえるかもしれませんが，指導を受けに行く際の重要な注意点です。自分ではまったく考えずに，ともかく進め方を指示してくださいという指導の受け方はお勧めできません。それでは指導教員の手足の役割をしているだけで，皆さんの能力向上は望めません。「どちらの手順がよいか悩んでいます」とか，「ここまでは考えましたが，その先がどうしても分かりません」というように，相当考えたが解決できないので指導をお願いするというのが理想です。指導側としても，悩んでいる課題を提示してもらった方が的確な指導ができます。もちろん，程度問題で，その悩んでいる期間が長過ぎると，貴重な研究時間がなくなってしまいますので，悩みが飽和し，行き詰まっていると感じたら，早めに相談に行く方がよいと思います。

3）添削の受け方に注意

　皆さんは学会発表や学内の修論発表会に向けての原稿作成過程で，指導教員から文章や図面の添削指導を受ける機会がたびたびあるかと思います。指導方針にもよりますが，その際も可能ならば指導は小刻みに受けた方がよいと思います。例えば，全体的なストーリー展開案や掲載図表案を考えた時点で一度アドバイスをもらい，必要な軌道修正を受けた後に原稿の本格作成を始めた方が，むだなやり直しが少なくできるでしょう。指導教員としても，見当違いの方針で進められた完成版の添削を頼まれるよりは，あらすじ段階での相談を受ける方が指導しやすいのです。

　一方で，文章添削の際に気をつけて欲しいことがあります。文章の添削結果を受け取ったあと，修正案の再添削を受ける際は，添削結果の反映漏れがないように十分に注意してください。指導者として，指示ずみ内容が未反映のために再度同じ指示をする二度手間はかけたくないものです。添削結果の反映箇所には反映ずみのマークをつけ，マークのついていない添削箇所が残っていないことを最終確認してから再添削を受けるとよいと思います。また，指導教員の添削を受ける以前に自分で気づくべきミスや文章の大きな乱れは自分で修正してから添削を受けるようにしましょう。例えば，自分の書いた文章上にパソコンから赤いアンダーラインで警告が表示されているような際は要注意です。筆者の場合，あまりに初歩的ミスの多い原稿の添削をしていると，「自分はケアレスミス発見機ではないのだが…」と，悲しい気持ちになります。指導教員は，学生の能力や熱意を期待して指導を始めるのですが，初歩的ミスや添削内容の反映漏れが多いと，学生は教員からの期待や信頼を徐々に失っていくことになるでしょう。

　指導を受ける際の，これらの注意点は，今さら言うまでもないレベルの内容も含んでいますが，皆さんが社会人となって上司の指導を受ける際にも共通する注意点です。当初は「期待の新人」と思われていたのに，次第に信頼を失っていくことにはならないよう気をつけたいものです。

14 役立つ研究ノートとは？
証拠機能と記録機能

　研究ノートの重要性がよく強調されます。研究ノートはどのように使うべきでしょうか？　自分なりに自由に書けばよいのですが，一応基本事項をまとめてみます。

　研究ノートの作成には大きく分けて二つの目的があります。

1）発明や発見の証拠として残す（見せるための記録）

　最先端の研究分野では，ライバル同士でどちらが先に発見や発明をしたのかが問題になることがあります。その際，研究ノートに日付入りで発明や発見の証跡が明確に記されていれば，その記述は研究論文や特許において発明や発見の時期を主張するための根拠として活用できる可能性があります。証拠能力を確保するためには鉛筆書きではなくボールペン等，書き換えできない筆記具を使うことが必要です。

2）記録／記憶しておきたいことを確実に残す（自分のための記録）

　実験結果，各種のメモ等，後に参照したいことを確実な記録として自分のために残しておくことは研究の進行上で重要です。具体例としては，研究計画，実験構想，実験条件，実験データ，グラフ化構想，論文等の下書き，講演聴講時のメモ，会議の議事メモ，面談のメモ，電話のメモ，等々です。

　マスコミ等で研究ノートの内容が問題になったりするのは上記1）の証拠としてのノートの機能の方ですが，日常の研究過程で皆さんにとって役立つのはむしろ記録／記憶機能の方だと思います。自分のための記録をつけながら，いざとなったら証拠能力もあるように意識して書くのがお勧めです。あらゆるメモをメモ用紙や紙きれではなくノートに書く習慣にすると，自分の思考過程のバックアップとして記憶よりも確実に頼りになります。

　筆者の実践する「自分のための記録」重視型ノート記入の要点を記しますので参考にしてください。

- テーマ別のノートにはせず，一つのノートにすべて日付順・時間順に書く。
- 項目ごとに年月日を必ず書く。
- 実験データの原簿として生データを記入する。
- ノート表紙に使用開始／終了の日付と通し番号をつける。
- ノートとともに会議等の日時を記録したスケジュール帳を残す。

スケジュール表を残すのは，例えば，会議等の日付からノートのページを探す目次代わりに使うためです。また，実験データを PC 上の表計算ソフト等に記録すると処理は便利ですが，PC 不調による消失の危険も伴います。その際に生データをノートに記載しておけば，電子データよりも確実に残ります。

　研究ノートの使い方は，基本さえ押さえておけば自分の工夫で固有のスタイルがあってよいと思います。ノートの通し番号が増えていくと研究を着々と進めた気がしてきて，満足感も得られるのがおまけの効用です。

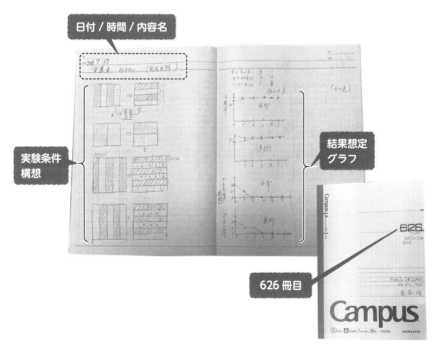

筆者の研究ノート

私のノート活用法

　筆者は就職先の研究所勤務の当初から研究ノートをつけ続け，通し番号は本コラム執筆時点で No.656 になりました。ノート歴の約 40 年で割ると年間 16 冊強の計算です。会議，学生面談，講演聴講，電話のメモ，アイデアメモ等あらゆる内容を，発生順に日付入りで記録しています。とっさにメモした電話番号なども意外に後で役に立ちます。たまたま手元にノートがなく食堂の紙ナプキンや箸袋にメモを書いたときなど，コピーを取ってノートに貼ったりもします。スケジュール帳を頼りにメモしたページを探し出せば，乱雑なメモでも書いた当時の思考状態に戻ることができるのです。いつも直近 2 冊をバッグに入れて持ち歩く習慣なので，最低 1 か月前までのメモはすぐに見返すことができ重宝します。

　実は筆者の専門は電子ペーパーなので，紙のノートは「紺屋（こうや）の白袴（しろばかま）」と笑われそうですが，約 600 冊のノートの分量は書棚の 1 段に詰め込める程度です。紙の書籍や資料の難点の一つは保管場所を消費することですが，自分の書いたものの物理的な容量はさほど大きくなく，書棚は他人の書いたもので満杯なのです。筆者は，娯楽方面の書物は最近ほとんど電子書籍で読んでいますが，実はメモは手書き主義です。そうは言っても，電子ペーパー関係の会議においては使用実験も兼ねて B5 判サイズの電子ペーパー端末を手書きノートとして使っています。大きな声では言えないのですが，実はそのページも結局印刷して紙のノートに貼ったりするのです。それでも電子ノートのメリットに気づくことはあります。数か月前の会議メモが手元のノートにはないとき，常に持ち歩く電子ノートの方には古いメモが保存されていて助かったりします。結局，直近 2 冊のノートのみ持ち歩くという習慣自体が，「かさばる」という紙文書の弱点を象徴しています。筆者は今さら紙のノートをやめられませんが，電子ペーパーを研究する者としては，皆さんには便利な電子ペーパーノートの使用をぜひお勧めしたいと思います。

第3章

学会に参加しよう

15 学会とは？
怖いところではない

　皆さんは学会にどんなイメージを持っているでしょうか？　お歴々が偉そうな発表をするところで，学生の出入りする場ではないなどと思っていませんか？実は学会は皆さんの想像よりはるかに気軽で，楽しくかつ有益な場です。しかも，学生など若い人を大歓迎する傾向にあります。

　そもそも学会は何のために存在するのでしょう。学会は国内外の大学や企業の研究成果に対し，講演会や論文誌という発表の場を用意し，最新成果の共有を促進する役目を果たします。また研究者同士の人的交流の場を提供し，人脈形成の促進役も担っています。このような場を提供することにどんな意義があるのでしょうか？　「もし学会がなかったら？」と考えてみると分かりやすいと思います。各大学や企業で対外発表もせず最先端の研究を独自に進めている状態は，いわゆる「井の中の蛙（かわず）」です。ほかの研究者の成果を知れば，その上に自分たちの活動成果をさらに積み上げていくことができます。人類はそのようにして文明を積み上げてきたのですが，学会はその強力な推進役を務めています。

　卒業研究や大学院での研究でよい成果が出たなら，その成果を学会で発表すれば人類の進歩にわずかでも貢献できます。卒論や修論の学内発表だけで終えてしまうのは，もったいないと思いませんか？

　人脈形成も学会の上手な利用法です。学会の場は，同志の研究者と出会って共同研究に発展したり，大学の研究者が企業から研究を委託されて研究費を得たり，企業の研究者が大学に職を得るきっかけになったり（実は筆者もその一人）とチャンスの宝庫です。学生にとっては企業の研究者から就職希望先の実情や雰囲気を聞くこともできますし，場合によっては企業内で採用人事に絡む人脈を得て，就職活動上のプラス要素にできる可能性もあるでしょう。

　いずれ学会には卒業後に企業人として参加すればよいなどと思っている人はいませんか？　実は企業入社後に学会に参加できるチャンスは，意外に少ないのが

実態です。企業において自分が研究開発部門に配属されるか？　担当テーマは学術的にまとめられる方向性のものか？　所属企業は研究成果の学会発表を許可するか？　という数段階のハードルをクリアして初めて学会発表ができることになります。特に企業では最新研究成果をライバル企業に知られたくないという事情が一般にありますので，対外発表の許可を得るのは意外に大きなハードルになることも多いのです。

　一方で，大学の研究成果はいち早く発表して一番乗りを競う状況が普通なので，成果が得られたら（発明内容を含むなら発表前に特許出願すべきですが），どんどん発表すればよいのです。つまり，在学中は学会発表の大チャンスで，企業人になってからはチャンスの有無は不明です。在学中の研究成果は積極的に学会発表をし，聴衆からの助言・批評・激励を成長の糧にしましょう。

　在学中に学会発表を経験していれば，就職先でどのように研究成果をまとめれば学会発表できるかを分かった上で研究開発を進められるでしょう。また，学会の実態を説明できれば，学会になじみのない上司からも発表許可を得やすくなるかもしれません。結果として，企業における学会発表ハードルを越えやすくなる効用が期待できます。

学会の講演風景

16 学会発表できる内容とは？
従来にないアピール点があれば OK

　学会発表に値する研究成果とはどんなものでしょう。基本的に従来にない新しい成果を含んでいることが必要ですが，この「従来にない」にはバリエーションがあります。例えば次のようなパターンがありえます。

- 従来にない材料・装置・システムの製作や特性確認
- 従来にない実験手法や計算方法の提案や実施
- 従来にない実験結果や計算結果の紹介
- 実験結果等の従来にない解釈の提案
- 従来にない仮説の提示
- 既存仮説の従来にない立証

　例えばこれらのどれか一つでも満たせば，従来にない研究成果として学会発表に値します。ざっくり言うと「従来にない〇〇」とさえ言えれば OK です。例えば筆者は次のような学会発表基準を学生に提示しています。

- オリジナリティ(独自性)のある内容(実験結果や解析結果)があること
  (見せたいグラフ・表・写真・図が一つはあること)
- 学会を経験してみたいという意欲やチャレンジ精神があること
- 学会の聴衆に興味を持ってもらえそうな内容であること

　学生に学会発表させるかどうかの判断基準やハードルの高さは，所属研究室の方針によってかなり異なります。筆者の研究室では，発表申込時の研究成果が少々不足気味でも，発表本番までに内容の充実が見込める場合は，本人の発奮に期待し発表にチャレンジさせる方針をとってきました。学会発表してみたいという意欲を皆さんが指導教員に伝えれば，多くの場合は肯定的な答えが返ってくるのではないかと思います。学生は学会発表により一皮むける成長をすると期待できるので，教育的観点からは少々無理をしてでも発表させた方が本人のためになるというのが，筆者の考え方です。学会発表の教育効果としては，次のようなことを

筆者は期待しています。

- 学会発表に耐える内容を用意するために実験等を頑張る。
- 学会発表に向けて成果の整理を意欲的に進める。
- 発表論文作成，発表資料作成，発表練習がよいトレーニングになる。
- 学会での批評や助言により，自分の研究を振り返り発想を広げられる。

ちなみに次の点には留意すべきです。

- 伝えたいメッセージがあって，その根拠や裏づけとして必要な実験結果等を紹介するのが発表の目的。メッセージなしなら発表の意味がない。
- 学会発表は実験したことを順に羅列して全部紹介する場ではない。メッセージ発信に向けてのストーリー展開に必要な内容選別や重点化を行う。

学会発表の形態としては，学会によりますが，主に次のような口頭発表とポスター発表の2種類から選べることが多いようです。学生の初舞台としては，どちらかと言えばポスター発表の方が少し気楽に発表できると思います。

- 口頭発表：発表10〜15分＋質疑時間5分程度が一般的。
- ポスター発表：ポスターの前に1〜2時間立ち質問に答えるのが一般的。（ポスター展示に先立って3〜5分程度の口頭発表（質疑なし）の場が用意される場合もある）

学会のポスター発表風景

17 発表予稿の楽な書き方 (1) : 準備
各ページのレイアウトスケッチから始めよう

　学会で発表する際には，発表内容を論文形式にまとめた 1〜4 ページ程度の発表予稿（単に「予稿」と呼ぶことが多い）を事前に提出するのが通例です。全発表者の予稿をまとめた冊子は「予稿集」や「要旨集」と呼ばれ，講演会初日（または数日前）に配布されます。最近では，紙の冊子ではなく CD や USB メモリでの配布や学会のサイトからダウンロードする形式も多くなっています。

　予稿は，発表を聴いた人にも，聴かなかった人にも研究内容が伝わるように書く必要があります。その作成過程で発表内容の具体化や整理も進むはずです。学会によりますが，4 ページ程度の予稿を求める場合が多いので，ここでは 4 ページ構成の例で書き方のお勧め手順を紹介します。

① 学会のフォーマット等の指定事項を確認

　学会からの原稿様式の事項をよく確認しましょう。段組み（2 段組か 1 段組か？），フォントサイズ，参考文献の記載方法などは学会によって異なります。記入見本としてのテンプレート（完成見本的なもの）が用意されている場合，その見本の例文を自分の文章に置き換えていくと，指定様式に従った予稿が自動的に仕上がるので便利です。

② 各ページのレイアウトスケッチを書く（図表数と文章量の見当をつける）

　まず，各ページの完成イメージのレイアウト図を書いてみましょう。右図に示した例では典型的な 4 ページの予稿を例として，2 段組の右欄を図表で埋めるレイアウトにしています（最後に 1/3 ページの余白つき）。書き始めてみると，どこかでスペースを消費し，余白なしで完成に至る場合も多いと思います。

　実はこれは楽に書けて読者にも読みやすいお勧めレイアウトです。少し図表の割合が多過ぎると感じるかもしれませんが，そこがミソです。このレイアウトだと 4 ページの予稿でも文章は 1.5 ページぐらいしか書けませんので，図表さえ用意してしまえば，本文を書くのは意外に楽です。読者にとっても長い文章を読ま

されるよりも図表類が多い方が概要を把握しやすく，短時間で読めてありがたいのです。このレイアウト例は図表を 8 個含みます。

③ 掲載図表を決める

　図示したレイアウトに従う場合，序論に二つの図表，実験方法に三つの図表，実験結果に三つの図表の候補を考えます。この時点で，序論に図表は不要とか実験結果に五つの図表を入れたいという調整はもちろん自由です。実は 4 ページ目に結論と参考文献のみというレイアウトには元々余裕がありますので，例えば 4 ページ目を実験結果の続きに使い，図表を二つ程度追加することも可能です。

　レイアウトと候補図表が決まると，全体像は見えてきます。あとは収まる分量の文章を埋めていけばよいのです。この時点で，必要な文章量が意外に少ないことが分かって気が楽になると思います。できれば，レイアウトと候補図表を決めた段階で，指導教員に全体構成を見てもらうのがお勧めです。図面の入れ替えや追加を文章作成前の段階で指示されれば，むだな後戻りを避けられます。

　ところで，予稿はカメラレディ（Camera-ready）形式での提出を学会から指定されることが多く，その場合，「そのまま印刷用になる完成原稿」の形で提出しなくてはなりません。カメラレディ原稿は，読者にとって図表も文章も読みやすいレイアウトに整えて，仕上げることが理想です。提出原稿のレイアウトは，最終段階で見た目も美しく再調整しましょう。

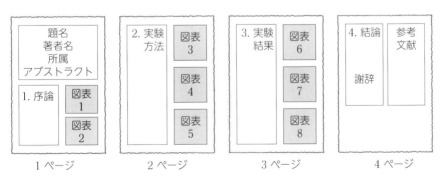

予稿のレイアウト例（4 ページ構成）

18 発表予稿の楽な書き方(2)：執筆

書きやすいところから手をつけよう

　レイアウトスケッチができたら，いよいよ執筆です。あまり身構え過ぎず，とりあえず書き始めてみましょう。お勧めの手順を以下に示します。

① 題名と著者名を書く

　まず題名，著者名，所属を書きましょう。ここは機械的に書ける部分です。題名は仮題としてあまり悩まずに直感的に書いてしまいましょう。仕上げ段階でもう一度見直せばよいのです。この段階で予稿の原稿を「書き始めた」感覚になり，意外に次へと筆が進むものです。

② 書きやすいところから書き始める

　順に序論から書き始めてもよいのですが，序論は筆が進みにくいかもしれません。書きやすい章から書き始めましょう。例えば実験方法の項は淡々と書けるので，手をつけやすいと思います。あるいは，先に結論を書いてゴールを明確にするのもお勧めです。図表作成を先行させた方が文章は書きやすいでしょう。

③ 殴り書きでも最後まで一気に書く

　まずは細部にこだわらずに書き進めましょう。頑張って一気に書いてしまうのがお勧めです。大雑把でも全体を書き終えると，ほっとできると思います。そこから完成度を高めていく作業は，楽な気持ちで進められるものです。

④ 一次仕上げ

　全体を書き上げたら，文章や図表の修正を始めましょう。一般に最初に書いた文章は口語（話し言葉）的で冗長な表現になっていることが多いものです。例えば熟語に直すとシンプルに表現できる箇所も多いと思います。「…といった…」などの口語表現が多く含まれていませんか？

⑤ 添削指導を受ける

　ある程度仕上がったら，指導教員から早めに添削指導を受けましょう。どの段階で見せるかのタイミングが難しいところです。あまりにも粗削りでは「もっと

仕上げてから見せなさい」と言われるかもしれません。指導教員の指導方針や都合にも合わせ，締め切り時期との関係で上手に進めましょう。

⑥ 最終仕上げ

指導を反映した上で，自分の作品としてミスなく美しく丁寧に仕上げましょう。

⑦ 学会へ提出する

締め切りをしっかりと確認して期限内に提出しましょう。実は締め切りの厳格さは学会によって違います。一般に大きな学会は締め切りに厳格で，何日の何時までとの規定に1秒でも遅れたら投稿システムは閉鎖されるのが通例です。

17節では4ページ構成の予稿で説明しましたが，発表者数の多い大きな学会（応用物理学会の春・秋の大会等）では予稿は1ページ指定の場合もあります。その場合の予稿作成はもっと気楽で，17節で紹介した4ページ版の内容を絞り込んで1ページに盛り込むと，すぐに埋まってしまいます。下記にそのレイアウト例と実例を示します。この例は，やや欲張りに詰め込み気味の例です。

予稿のレイアウト例
（1ページ構成）

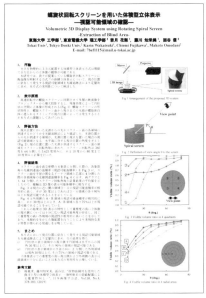

予稿の実例
（1ページ構成）

19 発表題名を工夫する

聴講したくなるタイトルを

　学会発表の題名は，よく考えて慎重に決めなければなりません。学会の参加者は講演プログラムに掲載された発表題名を見て，いつどの会場に行ってどの講演を聴くかを決めます。分かりやすく魅力的な題名によって多くの聴衆を集めたいところです。では，よい題名とは具体的にどのようなものでしょう。

- 非専門家にも研究内容が想像可能
- 有意義な興味深い研究だと感じられる
- 研究の進展が感じられる

逆に題名において避けたいことは何でしょうか？

- 狭い専門領域内でのみ通る専門語や略語を使う
- 冗長（題名中に同じ用語が2度現れていたら冗長）
- 以前の発表と同じ題名で研究の進展が不明（○○の研究 その2 等）

具体的なアドバイスとしては，

- 長めでも研究内容がよく伝わる情報量の多い題名にする（字数制限内で）
- 副題も上手に活用する
- 「～の研究」，「～の検討」等の末尾は避ける（冗長表現）
- 理想は題名だけで目的，方法，結果が全部伝わること

　つまり，簡潔さを狙うよりは，多少長めでも題名だけで研究内容が伝わる方がよいということです。ただし，あまり長い題名（特に副題つき）は参考文献として引用する際に，記載スペースを消費するので要注意です。

　以上，発表題名という観点で述べましたが，学会誌等に投稿する際の論文題名も同様です。読者はまず題名によって読むべきかを判断するものです。

　ちなみに発表の際には，せっかくのよい題名は，最初の画面で聴衆にしっかり認識してもらいましょう。まだ聴衆がざわついているうちに題名の画面を早々に終えて次の画面に進む講演者が多いのが実状です。研究内容をよく表す題名は，

聴衆の目にしっかりと焼きつけておくと，聴衆の理解度は向上します。また，ポスター発表では題名は大きく目立つように書いて人目を引き，多くの人が足を止めてくれる効果を狙いましょう。

　言うまでもなく，異なる発表や論文に同じ題名を用いるべきではありません。後日に自分の業績リストをまとめる際に混乱を生じます。和文題名は変えたが英文題名は同じだったなどの漏れにも気をつけましょう。題名のつけ方についてのタイプ分けと実例を表に示します。副題を活用すると題名の表現力は一段と増強され，研究の背景や検討方法まで題名に盛り込むことも可能，という実例としても見てください。

題名のさまざまなタイプと実例

題名のタイプ	実　例	解　説
1) 研究対象提示型 何を研究したか？	ディスプレイ上での文章理解度低下要因	無難だがインパクトは弱め
2) 問題提示型 疑問に共感を求める	文章理解度はディスプレイ上でなぜ低下するか	上品ではないが興味や好奇心・共感を喚起しやすい
3) 結論提示型 何が分かったか？	ディスプレイ上の文章理解度に対するスクロール表示の影響	結論まで含みインパクトは強い（題名としては長め）

副題つき題名の実例

副題の役割	実　例
副題で詳細説明	文章理解度のディスプレイ上における低下要因の抽出 ― スクロール表示とページ切替表示の比較 ―
副題で長期目標提示	文章理解度のディスプレイ上における低下要因の抽出 ― 読みやすい電子ペーパーを目指して ―

学会はどんなところ？

　先入観として，学会には近寄り難い雰囲気を想像していませんか？　聴講だけでもよいので，一度学会の講演会に出てみると，意外に気楽なところだと分かると思います。学会はいろいろな研究発表の陳列棚のようで，お手本にすべきすばらしい発表から，悪い見本のようなものまで玉石混交です。いろいろな発表を聴くのは，どんな発表が伝わりやすいのか，聴衆の立場で実感できる点でもプラスになります。

　特に国際学会の場では，日本人でもすばらしい英語講演と的確な質疑応答をする人から，質疑時間に立ち往生になる人までさまざまです。講演者もドイツ語なまり，フランス語なまり，中国語なまりと国際色豊かです。日本人の日本語なまりは当たり前と居直る自信が持てるかもしれません。

　ライバル企業同士の社員でも，学会の場では顔なじみの仲よしであることが多いのも学会の長所です。いくら顔なじみでも自社の機密事項を漏らすような人はいません。ライバル企業の社員同士も，線引きは守りながらも，過度に警戒したり遠ざけ合ったりしないのです。

　一般に学会の参加者は，企業人でも所属機関に貢献する姿勢と個人としての自立心とを併せ持つタイプの人が多いように感じます。企業に不利益にならない範囲で自分の手掛けた自慢の技術について発表し，一方で他社からの発表からは自分の開発に役立つヒントを得ようと熱心に聴講や質問をする姿がよく見られます。学会発表を続けながら研究成果を積み重ね，企業在籍中に博士号を取得するケースも見られます。先端研究のみならず人材の宝庫である学会に，まずは参加してみることをお勧めします。先輩院生や指導教員の発表の見学から始めるのもよいでしょう。

コラム4 オンライン開催の学会参加のあり方

　本書の執筆時点では新型コロナウイルスが猛威をふるい，ほとんどの学会行事はオンライン開催となっています。学会は人的交流に大きな魅力があるので現地開催が理想ですが，オンライン開催にも大きなメリットがあります。従来，海外や国内遠隔地で開催される学会への参加には，多額の旅費とまとまった日程の確保が必要でしたが，オンライン参加の場合は費用と日程の面で，断然参加しやすくなります。

　ほとんどの学会開催がオンラインのみという状況は，やがて解消されるでしょう。しかし，オンライン参加の便利さが認識され，今後は現地開催とオンライン参加を併用するハイブリッド型の学会開催が増え，より参加しやすくなると期待されます。

　オンラインでは次の点に留意し，現地発表に劣らぬ発表効果を目指しましょう。

- 現地開催の場合と同様に発表者として顔を見せる。
- カメラを聴衆と思って，目線を上げてカメラに向かって話す。
- ポインタをより積極的に使い，聴衆の注意や関心を誘起し続ける。
- 原稿の棒読みは避ける。
- 資料をめくる音，キーボード打鍵音，周囲の話し声等の混入に注意する。

　オンライン開催時の発表方法としては，リアルタイム形式と，録画アップロード形式とが，学会により使い分けられていますが，上記の注意事項は共通です。リアルタイム形式の場合には，発表用の通信環境の速度を測定し（無料計測サイトあ

り），円滑な発表に必要な通信速度の条件を満たすかを確認しておくことも重要です。PCのネットワーク環境を無線から有線に変更する速度向上策もあります。

　コロナ禍をきっかけに，社会システムの変化が一気に進みつつあります。急速な進化を遂げたコンピュータとネットワークが，人や物の移動の必要性を解消する力を持つことが再認識されたのです。科学技術を担う理工系の人材は，その変化を先取りし，正しくリードする立場にあると言えます。

第4章

学会発表予稿をどう書くか？

20 技術文書の書き方の基本
誤解の余地がない文を簡潔に

　学会発表予稿（予稿）や論文等の技術文書の書き方に共通する注意点について，まず一般論を述べます。

1）誤解されない文章を書く

　文学作品では，わざと二つの意味に解釈できる表現を使って含蓄を持たせる手法も使われますが，技術文書では複数の意味に解釈できる文章は禁物です。

　例えば「新しい粉体を使った実験方法」と書いた場合，「新しい」という修飾語がどの言葉を修飾しているのか不明確です。「新しい粉体」とも「新しい実験方法」とも解釈できてしまいます。もし実験方法が新しいのならば「粉体を使った新しい実験方法」と書けば，誤解の余地はなくなります。「"新粉体"を使った実験方法」と書けば，粉体が新しいのだと伝えることができます。

2）なるべく短い文章で書く

　一般に文章が長くなると読みづらくなり，論旨や一貫性に乱れも出やすくなります。まずはできるだけ短い単純な文章で表現してみて，あまりに切れ切れ過ぎると感じたら，隣接する文を接続詞等で適宜つないでみるとよいと思います。また，下書きの和文を書いてから英文化をする際には，短い和文を元にした方がシンプルな英文を楽に書けるはずです。元にする和文が長いと，接続詞（and, but 等）や関係代名詞（which, where 等）を使った複雑な英文になりやすくなります。長い複雑な英文は書く方も読まされる方も苦労しますので，特に日本人が技術文書を書こうとする場合，短い英文を心がけるべきです。

3）事実と推論を明確に書き分ける

　実験で得られた結果としての事実と，著者の推論事項は明確に書き分けることが重要です。事実と推論の書き分けが明確でないと，読者の混乱や誤解を招くことになります。

4) 重複や冗長を避ける

　もっと短く表現できるのにむだに長い文章は，「冗長」と言われます。「馬から落馬した」が冗長表現の典型例です。冗長表現の多い文章は長く読みにくくなります。特に限られたスペースに多くの内容を盛り込みたい場合には，冗長部を徹底的に削りましょう。自分が最初に書いた文章には多くの冗長表現が含まれているのが普通ですので，むだを削っていくと，字数を3割くらいは減らせるでしょう。例えば同じ言葉が2度出てくる文章は，大抵は冗長表現になっています。冒頭の典型例でも，「馬」が2回出てくるから冗長なのです。

　論文の全体構成の中で同じことを繰り返し述べたり，二つの表に同じ記述を掲載したりするのは，よくある重複例です。文書全体をよく見直して，重複を削っていきましょう。

　「というような」というような（！）記述を，つい使いたくなりますが，口語的かつ冗長な表現ですので，使用を避けましょう。この直前の文も，二つめの"というような"は"等の"と書き換えると4文字減らせ，口語感も解消できます。

　スペース制限の関係で文字数を削りたい場合，漢字や熟語を上手に使うことが有効です。例えば，「この実験を行うことにより」を「本実験の実行により」と書き換えると，3字削れます。細かいようですが，これは下書き段階で現れやすい「話し言葉」を簡潔で読みやすい「書き言葉」に直していく作業です。話し言葉の誤用例としては，「なので，」を文頭の接続詞として使った原稿を目にすることがありますが，親しい友人との話し言葉を文章に使ってしまった稚拙な表現ですので，気をつけましょう。

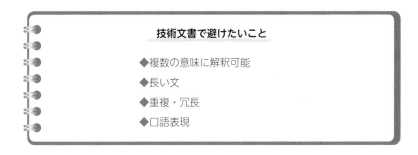

技術文書で避けたいこと

◆複数の意味に解釈可能

◆長い文

◆重複・冗長

◆口語表現

21 アブストラクト（概要）の書き方
本文を読みたくなる内容紹介を

　学会の講演会で配布される講演予稿集には，各発表者が研究成果をまとめた論文（予稿）が掲載されます。各発表者への割り当て分量は，1〜4ページ程度の範囲で学会により指定されます。予稿内容として，標準的には序論・実験方法・実験結果・結論の各内容を記載します（予稿の記載項目は，6章で述べる投稿論文と共通です。投稿論文作成の際にも本章を参照してください）。

　予稿や投稿論文には冒頭にアブストラクト（Abstract：概要）の記述を求められるのが通例です。このアブストラクトは，聴衆や読者を引きつける上で題名と並んで重要です。聴衆はどの講演を聴くかを題名からの情報だけでは迷う場合，アブストラクトに目を通すものです。また予稿や論文の全体を読むに値するかどうかを判断する際も，やはりアブストラクトを読んで決めることが多いのです。

　アブストラクトの内容の理想は，1）研究背景，2）目的，3）検討手法，4）検討結果，5）結論の全5要素をすべて盛り込むことです。そんなに詰め込めないと思われそうですが，例えば5要素に各1行ずつ割り当てれば，5行のアブストラクトができます。仮に1行40文字なら，ちょうど200字に仕上がる計算です。

　アブストラクトは必ず題名とセットで存在することにも留意しましょう。講演会のプログラムに，題名なしでアブストラクトだけが掲載されることはありません。題名で伝わることは，アブストラクトには書かないでよいのです。また，アブストラクトは途中で改行しない（1段落とする）のが大原則です。

　アブストラクトの実例を右表に示します。同じ内容を英文で表したものも示してあります。表中の要素別の文章をつなげて書けば，5要素を完備したアブストラクトになります。この実例では，英文アブストラクトは字数で和文の2倍強（英単語数では和文の文字数の1/3強）になっています。英文にすると字数が2倍程度に増えるのが通例です。

　ところで，執筆の際には冒頭のアブストラクトから書きたくなりますが，これ

を書くのは一番後回しにするのがお勧めです。アブストラクトは序論から結論までのエッセンスにしたいので，各要素ができてからの方が書きやすいからです。

アブストラクトの基本要素と実例

基本要素	実　例	字　数
題名	"読みやすい電子ペーパーの実現方法"	
1）研究背景	電子ペーパーは紙とディスプレイの長所の両立を狙う媒体として期待されている。	37 字
2）研究目的	我々は読みやすさの主要因を明らかにしようとしている。	26 字
3）検討手法	本研究では小説の読みやすさについての媒体のさまざまな保持形式で主観評価を行った。	40 字
4）検討結果	主観評価結果は手持ち保持様式が読みやすさを向上させることを示した。	33 字
5）結論	紙のように手持ち可能な電子ペーパーは読みやすい電子媒体として有望である。	36 字
	合計字数	172 字

英文 アブストラクトの基本要素と実例

基本要素	実　例	単語数（字数）
題名	"Realization of readable electronic paper 　　　　"	
1）研究背景	Electronic paper is a promising media which combines both merits of paper and electronic displays.	15 word（84 字）
2）研究目的	We are now focusing on clarification of main factors of readability.	11 word（58 字）
3）検討手法	We carried out subjective evaluation on readability of novels under various handling conditions of medium.	15 word（92 字）
4）検討結果	Our results revealed that handheld reading style improves readability.	9 word（62 字）
5）結論	Electronic paper which offers paper-like handheld reading is promising as a readable medium.	13 word（80 字）
	合計単語数（字数）	63 word（376 字）

22 序論に書くべき3要素
研究意義をしっかり伝えよう

　学会発表用の予稿の本文をどう書くかについて，本節から項目別に説明しますが，その前に予稿の構成について解説します（先に述べたように，以降の説明は6章で述べる投稿論文の書き方としても共通です）。例えば下記のような項目名を立てて項目別に記載するのが一般的です。

[和文]	[英文]
1. 序論	Introduction
2. 実験方法	Experimental Method
3. 実験結果	Experimental Results
4. 考察（省略可能）	Discussion
5. 結論	Conclusion
謝辞（必要に応じて）	Acknowledgments
参考文献	References

（謝辞と参考文献には番号をつけないのが通例）

　考察の項は特に設けずに実験結果の項の中に含めて書く場合も多くあります。謝辞は共著者以外でアドバイスを受けたり，実験装置の製作等でお世話になったり，資金的な援助を受けた場合に感謝を述べる際に記載するもので，必須項目ではありません。参考文献にスペースを使い過ぎるのは問題ですが，数件は載せておくのが一般的です。

　項目名のつけ方には自由度があり，序論は「まえがき」/「はじめに」等の柔らかいタイプから,「緒言」/「序言」等の固いタイプまで好みで選んでかまいません。結論も「むすび」/「まとめ」等の柔らかいタイプから「結論」/「結言」等の固いタイプまで選べますが，「序論」―「結論」，「緒言 / 序言」―「結言」，「まえがき / はじめに」―「むすび / まとめ」，というように最初と最後の項目名は違和感のない組み合わせにすべきです。英語で書く場合の項目名は，和文の場合ほどバリエー

ションはありませんが，結論部分には Conclusion の代わりに Summary もよく使われます。明確な結論を決然と述べたいときは Conclusion を使い，とりあえずこのような結果になりましたと報告したい場合は Summary を使うと，収まりがよいでしょう。

　さて，序論の書き方です。序論は研究の背景や目的を述べる非常に重要な項目です。この部分で研究意義を読者にしっかり伝えましょう。研究意義の説明が不十分だと，それ以降の部分でどんなに立派な内容を書いても，読者には研究成果の重要さが伝わりません。研究意義の説明としては，① 対象とする研究分野の背景や現状，② 従来の研究例とその到達点や課題，③ 本研究ではどこに焦点を当て，どんな手法で何を明らかにしようとしたかを順に記述するのが理想的です。①→②→③ の論理の流れに沿って，自分の研究の意義を読者にしっかり伝えましょう。

　実はこの序論に書くべき内容は 8 節で述べた「研究意義 3 点セット」の内容と近いものになります。3 点セットは研究に対する社会ニーズや自分の研究の独自性を再確認するのに役立ちますが，その内容を読者に伝えれば読者も研究の意義が納得できるはずです。

　ちなみに，② (従来の研究例とその到達点や課題) の内容としては，必要に応じて所属研究室のこれまでの研究や自分自身が発表ずみの研究内容を含めて書くとよいでしょう。従来研究として，発表予稿や投稿論文の形で公開されている文献を予稿末尾の参考文献リストに掲載し，その参考文献番号を序論中の引用箇所に忘れずに記載しましょう。

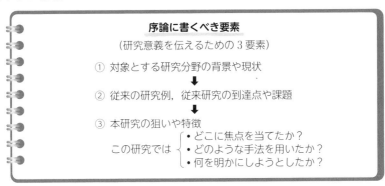

序論に書くべき要素
(研究意義を伝えるための 3 要素)

① 対象とする研究分野の背景や現状
　↓
② 従来の研究例，従来研究の到達点や課題
　↓
③ 本研究の狙いや特徴
　この研究では { ・どこに焦点を当てたか？ ・どのような手法を用いたか？ ・何を明かにしようとしたか？

23 実験方法は全体像から述べる
構成をよく考えよう

　実験方法の項は，あまり悩まずに淡々と書き進めやすい部分ですが，単に思いつくまま書き進めてはいけません。読者の理解しやすさを念頭において，まず実験方法の全貌を簡潔に紹介し，次に各部の詳細説明に進む構成にすると理解しやすい形になります。装置の構成図や写真を掲載して，実験方法の概要を視覚的にも伝えるようにしましょう。粗い説明から始めて細かい説明に進む流れを基本にすると，伝わりやすくなるはずです。実験方法の記述の理想は，読者が同じ実験を再現しようとしたとき，必要な実験条件がすべて論文中に書かれており，同じ条件で実験可能なことです。スペース制限の範囲内で，網羅的に書きましょう。

　一方で，実験条件を文中に細かく記述しようとすると，文章が長くなりがちで，読者は理解しにくくなります。数値条件や測定装置名等の詳細事項は，できるだけ一覧表に整理して掲載しましょう。予稿や論文中ではできるだけ表を活用し，本文はシンプルにするのがお勧めです。説明文を書くよりも表に整理する方が執筆は楽です。読者も長い本文を読まされるよりも一覧表を見る方が理解しやすくて助かるでしょう。また表に整理しておくと発表時の投影資料やポスターに転用しやすい，という効用もあります。

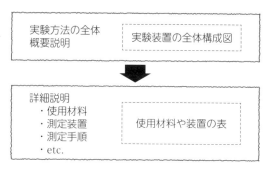

実験方法の記述の構成例

複数の実験について説明する場合に考慮すべきことがあります。例えば実験方法が異なる3種類の実験について紹介する場合，実験方法の項に実験方法を順次三つ記述し，実験結果の項に実験結果を順次三つ記述したくなるかもしれません（図(a)）。しかし，そのような構成が読者にとって理解しやすいかどうか，考慮が必要です。三つの実験に対しては三つの項を設け，各項内で実験方法と実験結果をセットにして述べる構成（図(b)）の方が，読者にとって理解しやすくなる場合が多いのです。これは読者の立場になって考えれば分かります。ただし，例えば三つの実験の実験方法に共通部分が多いときは，共通部分を中心に実験方法はまとめて書いた方が簡潔に記述でき，読者も理解しやすくなるでしょう。自分の実験はどんな形式で方法と結果を記述すると読みやすく理解しやすい表現になるか，よく考えて構成を決めましょう。

　発表予稿等において，実験結果の項に実験方法が混在した記述を目にすることがあります。実験方法の書き漏らしに後で気づいた際は，横着をせず実験方法の項に追記しましょう。方法と結果の記述が入り混じると，読みにくくなります。

```
1．序論
2．実験方法
   2-1　実験Aの実験方法
   2-2　実験Bの実験方法
   2-3　実験Cの実験方法
3．実験結果
   3-1　実験Aの実験結果
   3-2　実験Bの実験結果
   3-3　実験Cの実験結果
        ⋮
```
(a) 方法群と結果群にまとめる

```
1．序論
2．実験A
   2-1　実験方法
   2-2　実験結果
3．実験B
   3-1　実験方法
   3-2　実験結果
4．実験C
   4-1　実験方法
   4-2　実験結果
        ⋮
```
(b) 各実験ごとにまとめる

実験方法と実験結果の配列方法

24 実験結果は論文のかなめ
事実と推論は明確に書き分ける

　発表予稿や投稿論文において，実験結果の項が最重要部分であることは言うまでもありません。研究分野によって，実験結果ではなく例えば計算結果が最重要部分となる場合もありますが，そのような場合は以下の「実験結果」を「計算結果」に置き換えて読んでください。

　実験結果の項では実験結果を示す表，グラフ，写真等を掲載し，それらの図表等により実験事実を伝えましょう。グラフを見れば簡単に読み取れることを，本文にくどくど書く必要はありません。お勧めとしては，実験結果の項に割り当てたスペースの半分は図表類で埋めるくらいでちょうどよいと思います。実験方法の項で述べたのと同様，図表多め，文章少なめの方が書く方も楽で，読む方も読みやすいでしょう。

　グラフはつい小さくして詰め込みたくなりがちですが，あまり縮小し過ぎて読み取りにくくならないよう注意が必要です。特にグラフ中の軸名やプロット記号説明の文字は，つい小さくなりがちですが，本文と同程度の文字サイズを確保したいところです。表計算ソフト上のグラフ作成機能を用いて作ったグラフ中の文字は小さくなりがちです。設定の変更により適切な文字サイズになるよう，必要に応じて再調整しましょう。もし思いどおりの表記に設定できない場合は，軸名や曲線名等は別途作成した文字列を貼り込むツギハギ形式にしてもよいのです。

　グラフに載せるデータの量も多くなり過ぎないように注意しましょう。例えば実験条件を 10 段階に変えて実験を行った場合，グラフ中に 10 本の曲線を全部載せたくなりますが，すべてを掲載すべきか，改めて考えるべきです。例えば実験条件数値の最大値，中間値，最小値の条件で得られた 3 本の曲線を選んで代表値として掲載した方が，グラフもすっきりし，読者に伝わりやすくなることはよくあります。

　掲載したグラフ等が何を表し，何を示唆するかを述べる部分は，核となる部分

ですが，ここで気をつけたいのは実験事実と著者による推定内容を明確に書き分けることです。どこまでが実験事実でどこからが推定内容なのか，混ざり合った記述をよく目にします。推定内容を記述する際には「○○と推定する」，「○○と考えられる」，「○○を示唆する」等の非断定的な語尾を使うようにしましょう。事実と推論を明確に書き分けるべきであることは，一般的注意として 20 節でも述べましたが，実験結果を記述する際には特に注意すべき点です。

　実験科目の実習レポート作成では，「実験結果」の項とは独立させた考察の項を必ず設けるように指導されることが多いと思いますが，学会論文等においては，必ずしも独立した項とする必要はありません。実習レポートにおいては，実験事実とは別に考察事項を必ず書かせるための教育的指導方針によって，独立した「考察」の項を求めている側面もあります。論文等においては，実験事実の紹介のあとに続けて考察的な内容を書いてもかまいません。ただし，前述のように事実と推論を明確に書き分けることが肝要です。実験結果をもとに論理展開を長く記述する必要がある場合は，考察の項を独立させた方が読みやすくなるかもしれません。読者の立場に立って，分かりやすい構成とすることが肝要です。

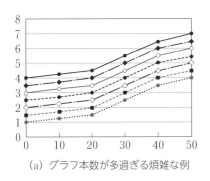

(a) グラフ本数が多過ぎる煩雑な例

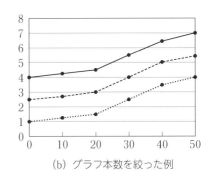

(b) グラフ本数を絞った例

グラフの記述例

25 結論にメッセージを込める
箇条書きの勧め

　論文の締めとして結論の項の重要性はいうまでもありませんが,「結論」も「まとめ」の項もなく「実験」や「考察」の項で終わっている予稿を,実はよく目にします。予稿として1ページ分にスペースが限られている場合に多いようですが,どんなにスペースが限られていても「結論」か「まとめ」の項を設けることを強くお勧めします。予稿でも投稿論文でも,実験結果や計算結果をベースに何らかのメッセージを読者に伝えることがその目的ですから,そのメッセージを明確に記述する場として「結論」か「まとめ」の項は必須です。

　これらの項には,原則として新規の内容を書かないのが理想です。本文中のどこかですでに述べたことの中から,重要事項を抽出してシンプルに再掲するようにしましょう。その上で,列記した重要事項を包括的に述べる文や,残された課題や次の段階の研究予定をつけ加えるのもよいと思います。

　具体的な書き方としてぜひお勧めしたいのは,番号つきの箇条書きスタイルです。重要な実験結果,推論事項,それらを総括した最終見解を箇条書きで列挙することにより,自分の頭も整理され,また読者も著者のメッセージを明確に受け取ることができます。実験結果の項において,事実と推論とは明確に書き分けるべきと説明しましたが,結論の項においても同じです。箇条書きの各項目中に事実と推論とを混在させない方が望ましいと思います。

　結論やまとめの章の記載内容を整理中に,実験結果の項の記述内容の不足や不備に気がつくことも多いと思います。結論等の項に新規な内容を書かない原則を守ろうとすると,逆に本文にあらかじめその内容を書かないといけないので,本文に未記述であったことに気づいたりするわけです。その際は,横着をせず結論以前の本文に必要な書き加えをしましょう。

　結論の項は最後に執筆するものと考えがちですが,実は結論の項から書き始めるのもよい方法です。まず伝えたいメッセージを先に明確にし,そのメッセージ

に至るための材料や論理展開を実験結果や考察内容として本文中に記述していく手順を踏めば，内容的にむだがなく明快な論理展開の論文が仕上がると思います。

　項目名を結論（Conclusion）とするか，まとめ（Summary）とするかは，伝えたいメッセージの内容に合わせて選びましょう。22節でも述べましたが，一般的に言えば，明確な最終結論を述べたいときは「結論」を使い，まだ中間報告的な内容を書きたいときは「まとめ」を項目名として使うとよいと思います。ただし研究室の指導方針によって，お決まりのスタイルがあるなら，それに従っておくのが無難でしょう。

　ちなみに学会発表の際には，優れた発表に対して優秀賞や学生奨励賞等が授与されることがあります。その際よくあるのは，予稿の完成度，発表の分かりやすさ，質疑における応答の的確さをそれぞれ点数評価し，総合点の高い発表を表彰対象とする選定方法です。予稿の完成度も問われる場面ですが，例えば筆者が評価役を務める場合，「結論」も「まとめ」もない予稿には低い点をつけるのが常です。評価者によって評価基準は異なりますが，そのような点も評価基準とされることがあることは認識しておいた方がよいと思います。

「結論」の記述例（箇条書き形式）

結論

本研究では○○を目的に○○を行い，次の結果を得た。

1）実験結果その1の結果

2）実験結果その2の結果

3）実験結果その1その2をベースに言える推論

4）1）～3）を総括しての総合結論

本研究の残された課題は○○であり，次段階として○○を予定している。

26 謝辞と参考文献を丁寧に
参考文献は読者への道案内

　結論の項まで書き終われば予稿や論文はほぼ完成ですが，特に謝意を表すべき人や組織がある場合には，結論のあとに項目を設けて謝辞を書くのが礼儀です。謝意を表す相手としては，実験の手伝いをしてくれた研究室のメンバー，実験方法や考察内容にアドバイスをくださった先生（指導教員以外）がまずあげられます。実は研究内容に貢献のある人たちを共著者として著者名に入れるのか，謝辞に名前を記載するのかは，線引きが微妙なところです。指導教員はもちろんとして，研究内容そのものに大きく貢献した人は共著者とし名前を連ねるべきでしょうし，実験作業の手伝いをしてくれた同僚は謝辞の対象となるでしょう。どこで線を引くかは指導教員に相談するとよいと思います。

　また，実験装置の用意や整備に貢献してくれた人や機関も謝辞の対象になります。使用した実験装置のメーカー名や担当者名を謝辞に書く必要はありませんが，装置メーカーとしての通常のサービス以上の特別な貢献があった場合は，謝意を表した方がよいかもしれません。公的な補助金，企業や財団等からの研究補助金を研究遂行の資金とした場合には，その研究資金名や機関名を書いて謝意を表明するのが原則です。ただし，限られた執筆スペースを謝辞に使い過ぎるのは本末転倒ですので，礼儀として必要な最低限の範囲を謝辞の対象とし，記述も簡潔にすべきです。

　予稿や論文の最後には，参考文献リストを忘れてはいけません。まずは，序論部分で先行研究として紹介した外部の研究機関の予稿・論文，所属研究室の先輩や自分の予稿・論文を，リストに掲載しましょう。実験方法や解析手法に先行研究の手法を利用した場合も，その研究論文や予稿は掲載対象とすべきです。

　参考文献リストの各文献は本文中で必ず1度は引用し，本文中の該当箇所に文献番号を記載するのが原則です。掲載数については，ページ数制限のある予稿ではスペースを使い過ぎないよう，バランスの考慮が必要です。余白が残ったか

らといって，参考文献を必要以上に増やしてスペースを埋めるのは望ましくありません。また，参考文献の記載方法は学会によって少しずつ異なる様式が決められていますので，注意が必要です。

　引用すべき参考文献が見つからない場合，参考文献リストは掲載しないという選択肢もありえますが，末尾に参考文献のない予稿や論文は収まりが悪く，「著者が書き忘れたのではないか」と読者に邪推されそうです。掲載すべき参考文献がないと思えるときは，研究背景や従来研究に関して自分が勉強不足なのだと思った方がよいと思います。序論部分において従来研究としてどこまで範囲を広げて説明するかは自由度がありますので，参考文献が少なくとも一つは紹介できるところまで範囲を広げて記述するとよいでしょう。

　参考文献が的確に掲載されていると，読者は参考文献をたよりにその研究分野の進展経緯を芋づる式にたどって行くことができます。その連鎖を断ち切ることにならないよう，必要なスペースを確保して参考文献リストを適切に書くのは著者の義務とも言えます。

　ちなみにほかの論文の参考文献リスト中に自分の論文を見つけると，誇らしいものです。自分の研究の存在価値が認められている証拠と考えられるからです。

小学生の遠足作文と言われないためには?

　実験結果を実行順にもれなく掲載したような論文原稿を学生から受け取ることがあります。このようなとき，筆者は「小学生の遠足作文だね」と辛口のコメントをします。実は筆者自身は小学校での遠足の作文を，朝起きて歯磨きしたところからはじめ，山に登ってお弁当を食べて，山を下って帰ってお風呂に入って寝るまで延々と書いて，その詳細さをほめられた記憶があります。

　しかし学術論文の場合，実験を実行順に全部書くべきかどうかはよく考える必要があります。時間を費やした実験については詳しく書きたくなりますが，例えば時間をかけて行った実験のあとに改良版の実験を行って的確な結果を得たならば，最初の実験についての記述は必要ない場合が多いのです。

　また，実験を実行した順とは異なる順番で配列した方が，結論に向かっての論理が構築しやすく，読者にとっても理解しやすくなる場合もあります。やったことを実行順に網羅した「遠足作文」では，小学校ではほめられてもよい学術論文にはならないことは肝に銘じておきましょう。アピールしたい結論に到達するために必要な要素を厳選し，結論に向けてストーリーが進むような順に並べていくことが肝要です。

　実は小学校でほめられたと思ったときも，そういえば担任の先生は苦笑いしておられたような気もします。小学生の私も，だらだらと長い話よりは，気の利いたエピソードに絞った作文を書いておけば，苦笑いなしでほめられただろうに……と今になって思うところです。

第5章

発表力を磨こう

27 何のために学会発表するのか？
頑張った成果は多くの人に伝えよう

　なぜ学会発表するのかを問われると，多くの学生は，「指導教員に発表するように言われたから」と答えるのではないでしょうか。もう少し主体的に発表の意義を考えてみましょう。長く苦労して実験などを進め，やっとまとめることのできた研究成果は，多くの人に知って欲しいと思いませんか？　学会発表の目的は，言うまでもなく自分の研究成果を「伝える」ことです。多くの聴衆の前での講演は緊張するでしょうし，「早くすませて帰りたい」という心境になるかもしれません。でもそのような心境で学会発表を終えるのはもったいないことです。いろいろ工夫して伝わりやすい発表資料を用意し，発表本番では「伝えよう」とする熱意を持って講演に臨みましょう。

　学会で口頭発表する場合は，10～15分程度の講演と5分程度の質疑応答を行うことが通例です。聴衆の数は学会によりますが，少なくて10数人から多ければ100人以上の聴衆を前に発表することになります。初めてのときなど，とても緊張すると思いますが，大勢の前で講演するのはよい経験となると思います。研究室内で発表リハーサルを繰り返し，指導を受けると徐々に舞台慣れし度胸もついてくるでしょう。このような経験をしておけば，社会人になって大勢の幹部の前で企画説明を求められた場合にも，慌てずにすむはずです。

　学会の場では，分かりやすい発表から聴いてもさっぱり分からない発表まで，実はピンキリです。聴衆に理解できない略号や専門用語の乱発によって，一般聴衆には理解不能な発表もよくあります。自分が常用している略語，専門用語，業界用語は，つい使いたくなるのですが，それが聴衆に説明なしで伝わるかを考える必要があります。聴衆に伝わらない用語の多用によって，内容は簡単なのに理解されないのは最悪の発表です。聴衆と自分の専門分野との距離感を考え，説明なしに使える用語の範囲を想像しながら発表の用意を進めましょう。「聴衆の気持ちになった想像力」を働かせることが大切です。例えば，聴衆の主体がどんな

分野に属するのか（物理系？　化学系？　情報系？　等々）をまず認識しておきましょう。「自分の研究のどこに興味を持たれそうか？」「どの部分は基礎から説明しないと伝わりにくそうか？」をあらかじめ想像し，発表内容を調整することが理想です。

　ちなみに，このように聴衆の知識範囲を想定することの必要性は，学会発表に限らず，企業におけるプロジェクト説明や顧客への提案の場でも同じです。会社幹部や顧客に通じない用語を使ってしまっては失敗です。このような注意点を認識し，発表力を磨いておくことは，舞台慣れしておくことも含め，あらゆる局面で生きてきます。

　発表をうまく乗り切る秘策を一つお伝えしましょう。学会発表では必ず座長がいて，発表と質疑応答の司会進行役を務めます。この座長を味方にしてしまうのです。講演時間の前に座長を見つけて，「実は今回が初めての発表です。どうかよろしくお願いします」などと挨拶をしておきましょう。「初めての発表は緊張するだろうし，座長から答えやすい簡単な質問でもしてやろうかな」とでも思ってもらえば，座長を味方につけて発表に臨めることになります。

28 口頭発表の基本
前を向いて大きな声で堂々と

　口頭発表は，聴衆の方を向いて，胸を張って堂々と大きな声で話すのが基本中の基本です。声が小さくて聞こえづらかったり，自信なさそうに下を向いて話したりすると，立派な発表内容も貧相な印象を与えてしまいます。マイクを使う場合でも，マイクの指向性や集音力によってはそれほど拡声されないこともあるので，大きな声で発表するのが理想です。スクリーンの方を向いて，聴衆に背を向けたままの講演者に対しては，つい内職でも始めたくなります。足は極力聴衆側に向けておき，上体を少しひねってスクリーンを斜めに見るような姿勢がお勧めです。

　19 節でも述べましたが，最初の発表題名スライドを意識的に長く投影することをお勧めします。工夫して分かりやすく作った講演題名は，もっともシンプルな講演概要になっているはずです。「今からこういう話をしますからね！」といったメッセージを全聴衆に冒頭でしっかり伝えたいところです。講演者の交代時には，聴衆は資料をめくって次の講演に備えたりしてざわざわしています。スクリーンを見たら，題名スライドはもう終わって，本論が始まっているという発表が多いのが実状です。題名スライドを出して，全聴衆を見渡して注目を確認してから次のスライドに移るような，ゆったりした講演開始方法が理想です。

　スクリーン上で説明箇所を指し示す際には，スクリーンをレーザーポインタや差し棒で直接指す方法と，講演用のパソコン上でポインタを動かして示す方法があります。スクリーンを指せば聴衆と発表者が同じ画面を見ることによる一体感が形成されやすいので，スクリーンを直接指す方を強くお勧めします。パソコン上のポインタ操作だと，画面共有感が生まれにくく，また発表者は下を向くので，聴衆を引きつける力が弱くなりがちです。ただし，例外は大きな会場で複数のスクリーンに同時投影される場合です。この場合は会場内の全スクリーンに指示位置が提示されるように，パソコン上でポインタを動かす方がよいでしょう。その

際も，下を向きっぱなしにならないよう注意が必要です。

　レーザーポインタは振り回し過ぎに注意しましょう。不慣れなうちはグルグル振り回し過ぎることが多く，聴衆は目が回りそうになります。スクリーン上でポインタの光点をピタッと止めてくれると見やすく，玄人っぽく見えます。

　数値や難しい熟語を口頭だけで述べてスライド上に掲載しないのは望ましくありません。数値は聞き逃しやすく，聞き慣れない熟語が，音だけ聞いても「どんな漢字だろう？」と悩んでしまいます。例えば，統計量の確かさ（有意差）の判定指標として「p 値」がよく説明に使われますが，これを「ピーチ」と音だけで聞かされた聴衆の多くはおいしい果物を想像し，おやつの時間が待ち遠しくなるでしょう。

　発表の終わり方にもコツがあります。最終スライドの次に，何もない画面に移って終了するはもったいない終わり方です。スクリーンには何か情報を投影した状態で質疑応答に移るのが理想です。例えば最後の「まとめ」のスライドを出した状態で終わるのが一つの方法ですが，特にお勧めしたいのはスライド一覧を並べた状態で質問を待つことです。すると例えば，「その 3 番目のスライドについて質問させてください」などと質問を誘起しやすく，質疑応答も活発かつ円滑に進めやすくなります。

理想的な発表ポジション（真上から見た図）

29 伝わりやすい投影資料の作り方
文字が小さくならないように注意

　発表用のスライド画面は，簡潔に大きな文字で書くのが基本です。スライド上に何行もの長い文章を載せ，そのまま棒読みするような発表では伝わりません。文章はキーワード中心になるべく箇条書き形式とし，語尾の「です」「ます」は省略して体言止めにするのがお勧めです。箇条書きの短い文章を並べ，接続詞の代わりに矢印「→」を使って論理関係や説明の進行を表すようにすると，話の流れが伝わりやすくなります。筆者は，学生の発表練習においてスライド上に3行以上続く長文がある場合は，短文の箇条書きに書き直すよう指導しています。

　大事な説明をし忘れたという失敗談をよく聞きますが，スライドに書いてないことを話そうとすると起こりがちです。話したいことのキーワードをもれなく載せ，「→」記号で論理や話題の進行を示したスライドを用意すれば，大事なことを言い忘れたりせず，すらすらと発表できると思います。

　文字ばかりのスライドは，取っつきにくい印象になりがちです。実験方法や結果のスライドを図表中心に書くべきなのは当然として，それ以外の部分でも文字だけのスライドにならないよう，理解を助ける図表やイラストを載せておきたいところです。

　スライド1枚にあれもこれもと多くの内容をつい詰め込みたくなるものです。例えば大きさ20ポイント以下の文字は使わないという原則を決めて，1枚に収まるように内容を絞るか，複数のスライドに分割するのがよいと思います。

　予稿の書き方の注意点としては24節で述べましたが，発表においても，多数のカーブがぎっしり並ぶグラフを使うべきかどうか，よく考える必要があります。例えば実験条件を変えた10本のカーブを全部掲載すべきなのか，代表的な3本程度に絞った方が伝わりやすいか，その都度考えましょう。

　グラフの縦軸と横軸の軸名や数値，グラフ中の記号を説明する凡例はつい小さくなりがちです。例えばスライド中の文字は20ポイント以上のサイズとするこ

とを原則としたなら，グラフ中の文字についても忘れずその原則を守りましょう。一つのスライドに多数のグラフを載せるのは，文字が小さくなりがちですので，できれば避けたいものです。複数のグラフをぜひ同じ画面内で比較対照して見せたいという場合以外は，1スライド1グラフが見やすさの観点では無難です。

　ぎっしり書かれたスライドの一部だけを説明し，時間の都合でどんどん次のスライドに移るような発表を聴くことがよくあります。スライド内容を読み取ろうとしているのに，途中で次のスライドに進まれてしまうと，聴く方には欲求不満がたまります。スライド内に掲載されている文章や図表を，聴衆が読み終えるのに必要な時間はスライドごとに確保すべきです。発表時間の関係でそれだけの時間が確保できないのなら，スライドの掲載内容を減らすか，スライド枚数自体を減らす必要があります。

スライド画面作成のコツ

話しやすく伝わりやすいスライドは？

・発表上のキーワードを網羅
・「です」「ます」はカット

読み取りやすいスライドにするには？

・20ポイント以上で記述
・1スライド1グラフ
・グラフ上のカーブ本数を絞る
・グラフの軸や記号の説明文字も大きく

1行ずつの箇条書きと「→」で構成したイラストつきスライドの例

30 質疑応答に備える
想定質問リストと予備スライドを用意

　発表自体は，事前練習を繰り返しながらスライドの完成度を高めていけば，着実に質を高めることが可能ですが，難しいのは質疑応答です。だれが何を聞いてくるか分からないので，臨機応変な対応が必要なことは言うまでもありません。それでは準備のしようがないかと言うと，そうでもありません。もっとも確実なのは想定質問と回答のリストを作っておくことです。極力多くの想定質問を考え，分類整理しておきましょう。各回答に使う予備スライドを，必要に応じて用意しておけば万全です。発表準備の段階でカットしたスライドも，予備スライドとして残しておくと回答に使えることがよくあります。

　もし何を聞かれているのか理解できない場合は，正直にそう述べて質問の繰り返しや補足をお願いしましょう。何を聞かれているか自信が持てない場合は「こういうご質問でしょうか？」と確認するのもお勧めです。英語発表の際の質疑では，質問の英語が聞き取れず何を聞かれているか分からないという事態がよくあります。想定質問のリストを作っておくと，想定質問リスト中のどれに近いかという聞き取り方ができるので，質問の聞き取りも楽になるはずです。想定質問の作成は，質問に出てきそうな英文キーワードの洗い出し作業にもなるのです。

　想定質問どおりの質問ではない場合も，一番近いと思われる想定質問に対する回答を選べば，当たらずとも遠からずの回答になると思います。質問の意味を誤解し，聞かれたこととは違う回答をしてしまったとしても，何もしゃべれずに壇上で立ち往生するよりは格好がつきますし，あるいはその回答を聞きたかった聴衆もいるかもしれません。

　「その点についてはやっていません。分かりません！」のような回答を聞くことがありますが，そっけなさ過ぎます。「その点については実はまだ試してないのですが，もしやったとすればこんな結果になると思います」等の回答ができると理想的です。

逆に，長過ぎる回答も望ましくありません。5分程度の限られた質疑応答時間の中でなるべく多くの質問を受けたいところです。質問者の話が長過ぎることはよくありますが，同じく多いのは回答が長過ぎるケースです。長過ぎない簡潔な回答を心がけて，次の質問者に時間を残すようにしましょう。

よくある質問の分類と回答方針

質問趣旨	回答方針	補足
説明不足部分の詳しい説明を求める	追加の発表時間を与えられたつもりで回答する。	意図的に非公開方針の内容についてはその方針を丁重に回答する。
研究の意義や応用を問う	導入部分のスライドや予備スライドを活用して丁寧に説明。	よくある基本的質問として想定し，準備しておく。
結論等に異論を述べる	素直に耳を傾け，受け入れるべきところは受け入れる。	必ずしも同意する必要はないが，口論にはならないように冷静に。
発表内容の不備を指摘する	素直にアドバイスとして受け入れる。	教育的指導と考え，冷静に対応する。
今後の研究課題を問う	結論部分のスライドや予備スライドを活用して丁寧に説明。	予備スライドも用意しておきたい。

準備しておきたい「想定質問と回答」の例

	想定質問	回答予定
背景・目的	研究の最終ゴールは？	本研究は最終的に○○の実現を目指しています。
実験方法	実験方法の○○の部分を詳しく教えてください。	○○の部分は，この予備スライドのように詳細には○○のようになっています。
実験結果とその解釈	なぜこのような実験結果になったと思われますか？	○○が○○の効果を発揮したからだと思います。
	この実験結果は何を示唆していると考えられますか？	○○は○○であることを強く示唆していると考えます。
結論	この結果からこのような結論に至るのは強引ではないか？	○○という別の可能性もありますが，結論とした○○の可能性の方が高いと考えられます。

31 質疑応答を研究に役立てよう

質問やコメントはヒントの宝庫

　学会発表の際の質問やコメントの内容は，必ず書き留めてまとめておきましょう。質問やコメントは，発表者が気づけなかった新しい視点や盲点，新アイデアの宝庫です。ただし，すべてがお宝というわけではなく，玉石混交が普通ですので，どのアドバイスを取り入れるべきか取捨選択すべきことは言うまでもありません。また，発表中の説明不足が原因と思われる質問については，次の発表機会では改善すべき点の示唆として貴重です。

　質問者の所属や氏名も重要な情報です。質問者は所属と名前を言ってから質問に入るのが基本的マナーです。質問者の最初の自己紹介部分を聞き逃さないようにしてメモしておきましょう。発表者本人は質問をあまり覚えていない事態もよくありますので，研究室の仲間にあらかじめ質疑応答メモを頼んでおくのもよい方法です。どんな組織の人が質問してくれたのかは，自分の研究にどのような方面から関心を示されたかを表す重要情報の一つです。また質問者が自分と近い研究をしていることが分かった場合や，読んだことのある重要論文の著者だと分かったら，終了後や休憩時間に挨拶に行くのもお勧めです。質問の意図がよく分からなかった場合や，的確な答えができなかった場合も，休憩時間に質問者のところへ行って質問の確認や再回答をするとよいと思います。質問者が所属氏名を言ってくれなかった場合や，聞き逃した場合も「ご質問ありがとうございます」と御礼の挨拶がてら名刺交換をさせてもらうとよいでしょう。そのためには自分の名刺がある方がよいので，学会発表の前には自分の名刺を用意しておきましょう。名刺は印刷業者に頼まなくても，パソコン上で作成し市販の名刺プリント用紙を使えば，簡単に自作できます。

　筆者は，学生の研究発表の際には学内発表でも学会発表でも質疑応答記録を作って報告するように指導しています。質問者の所属氏名，質問内容，回答内容を記録することが基本です。その上で，「理想回答」欄にはこう答えるのが理想だっ

たという内容を記入します。「今後の研究にどう生かすか」欄には，質問やコメントを自分の研究に前向きに生かす方法を記入します。このような表を作成する過程で，質疑応答の結果をその後の研究に有効活用し，また次の発表機会において，よい発表や質問回答をするための土台とすることができます。学会発表における質疑応答は，研究を一段と前に進めるためのよいきっかけとなるのです。

　質疑応答の時間は，慣れるまではもっとも緊張しストレスのかかる時間帯だと思いますが，非常に貴重な時間です。発表をわざと時間オーバー気味にして質疑応答の時間を減らそうなどとは決して考えないようにしましょう。また，32節で述べるポスター発表では質疑応答の時間がたっぷりあるので，より多くの質問やコメントが期待でき，回答も落ち着いてできると思います。

質疑応答記録の例

質問者 所属氏名	質問・コメント	回答内容	理想回答	今後の研究にどう生かすか
凸凹大学 ○○太郎	この研究はどのように活用される見通しか，具体的に教えてください。	○×△？… （満足に答えられなかった）	○○分野では○○が××なのが性能向上のネックとなっており，本研究はそのネック解消を目指しています。	目標とするネック解消のためには，どの数値をどこまで向上させることが必要か，改めて再確認する。
△□会社 ○○花子	○○の部分の実験方法には○○の点で不備があるように思います。	実験方法にご指摘の不備はないと思います。	ご指摘の点で確かに不備がありそうなので，改善した実験を追加実施したいと思います。	実験方法に必要な改善を行い，次の発表機会において改良実験の結果を報告する。

73

32 ポスター発表のコツ
人だかりのできるポスターを目指そう

　学会の場では，口頭発表枠とは別にポスター発表枠が用意されていることが多くあります。ポスター発表は，少し気楽な気持ちで臨める場として，学会デビューにもお勧めです。この際のポスターの作り方と説明方法が本節のテーマです。

　学会が指定するのはポスターのサイズや机提供の有無程度ですので，ポスターの中身をどう書くかは発表者に任されています。実際にポスター会場に行ってみると，黒山の人だかり状態のポスターと，だれも寄りつかず閑古鳥のポスターがくっきり分かれているのをよく目にします。この差はどこから生まれるのでしょうか？　せっかくポスター発表するなら，黒山の方を目指したいものです。もちろん発表テーマの話題性や内容の先進性によることは確かですが，ポスターの書き方でも集客力が相当に変わってくるはずです。ここでは，集客力が高く，聴衆に分かりやすいポスターの書き方についてヒントをまとめてみました。

　まず重要なのは，発表題名を目立たせることです。ポスター会場には多くのポスターが林立していますので，聴衆は全部のポスターに足を止めることはせず，歩きながら目に留まったポスターをピックアップして見て行くのが普通です。ピックアップの基準はまず発表題名ですので，遠くからでも目立って見えるような題名の書き方をしておくことが肝要です。通り過ぎようとしている参加者にアピールするよう，題名の文字は大きく太く目立つように書きましょう。題名自体も聴衆を引きつける内容にすべきことは言うまでもありません。題名のつけ方については，19 節を参照してください。

　さて，ポスターの中身はどう書けばよいのでしょう？　個々のポスターにそれほど時間を割けないであろう参加者の事情を考慮すると，短時間でもざっと概要がつかめ，隅々までじっくり見ると詳しい研究内容がよく分かるポスターが理想です。逆に隅々まで全部読まないと概要も分からないようなポスターには，集客力はないでしょう。分かりやすいポスターにするためには，［研究背景→研究目

的→研究手法→研究結果→考察→結論] という話の流れの骨組みと，要点が簡潔に読み取れる書き方をすることが重要です。どこからどの順に読めばよいのか分からないレイアウトにならないよう気をつけましょう。なるべく多くのポスターを次々と見たい多忙な参加者の事情を考慮すると，文字数の多過ぎるポスターも避けたいものです。文章は箇条書きを基本に簡潔に書くのがよいと思います。

　手持ち資料を用意して補足説明をしたり，ノートパソコン上で実験の動画を見せたり，実験サンプルの実物を見せたりできるのはポスター発表ならではの長所ですので，いろいろな説明手段を駆使しましょう。試作装置の動作実演等を見せるのも，ポスター形式のよい活かし方です。ただし，展示に使える机や電源供給の有無については事前に確認しましょう。

　ポスターの前に立つ説明者の態度も重要です。だれが説明者か分からず，質問したくてもできないという状況も，実はよく目にします。「私がこの発表の担当者。質問大歓迎！」という態度でポスター横に立ちましょう。「ちょっと気になるポスターではあるが，いちいち詳しく見ている時間もないし，次のポスターに進もうかな？」と迷いながら通り過ぎようとする人も多いので，このような人を積極的に呼び込む姿勢も重要です。ちょっと勇気を出して「ご説明しましょうか？」と一声かけるだけでよいのです。立ち止まって見ている参加者がいるポスターには「面白い発表なのかも？」とまた次の客が寄ってくるのは，行列が行列を呼ぶ人気店の集客原理と同じです。

パソコンを使ったポスターの補足説明

33 上手なショートプレゼンテーションとは?
早口は禁止

　学会によっては，ポスター発表に先立って質疑なしの短い口頭発表（ショートプレゼンテーション）の機会が用意される場合があります。これは，発表者にとっては多くの聴衆に発表内容の概要を伝える機会として，また聴衆にとっては多くのポスター発表のエッセンスを短時間で総覧できる機会として便利です。1件あたり3分程度の持ち時間で次々に登壇し，スライド数枚を説明して質疑なしで終わりという流れ作業で進行するのが標準的です。このような短時間の発表で，何が伝えられるでしょうか？　代表的な二つのパターンを紹介しておきます。

> 1) 背景，目的，方法，結果，結論のすべての要素のエッセンスを説明する。
> 2) 背景，目的，方法あたりまで説明し，「実験結果等の詳細はポスターで！」で締める。

　上記のどちらを選択するかは，最低限のエッセンスにした場合の分量と，与えられた時間との兼ね合いで決めることになりますが，できればパターン1）の全容説明を目指すことをお勧めしたいと思います。どんな発表内容でも，冗長部分を削り，究極のエッセンスに絞れば，表紙で1枚，背景と目的で1枚，方法で1枚，結果で1枚，結論で1枚の計5枚ぐらいのスライドで研究の概要を伝えることは可能と思います。3分で全貌を伝えようと努力してみると，逆に10分使える場合にはかなり冗長な説明をしていることに気づくこともあります。どちらのパターンを選ぶかは研究室の指導方針にもよりますが，全貌を話すパターン1）にトライしてみるのはよい経験になると思います。ただし，早口の練習をするのはお勧めできません。本人は3分で全貌を説明できたと満足していても，早口過ぎたり，スライドの掲載内容が多過ぎたりすると，聴衆にはさっぱり伝わっていないかもしれません。スライド内容も口頭説明も絞りに絞ったエッセンスにして，分量を減らすことが肝要です。

ちなみに,最初の題名スライドを提示する際に「このような題名で発表します」と言うだけで題名を言わない発表者が続出したショートプレゼンテーションの場を見たことがあります。時間を節約したい気持ちは理解できますが,19節,28節でも繰り返し強調したように,題名紹介は研究の趣旨説明として極めて重要ですので,最初のスライドで題名はしっかり読み上げるべきだと思います。

　ポスター発表の弱点は,多くの聴衆に効率よく一度に説明をする機会がないこと,口頭発表の弱点は質疑が短時間かつ少人数に限られることです。これに対し,ショートプレゼンテーションつきポスター発表は,口頭発表とポスター発表のよいとこ取りのような発表形式です。壇上での口頭発表も経験でき,質疑の時間はポスターの前で落ち着いて迎えられる形式として,ショートプレゼンテーションつきポスター発表は学会デビューにもお勧めです。

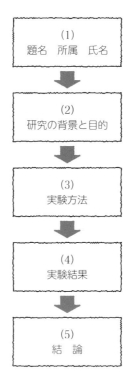

ショートプレゼンテーションのスライド構成例(5枚構成)

34 学会での英語表現はどうあるべきか?

非英語圏の人に伝わる簡易な表現を

　日本で開催される国際的な学会発表の場では，多数を占める日本人同士も不得手な英語でコミュニケーションせざるをえない状況となります。また国内の日本語での講演会においても，スライドやポスターには英語表記を求められる場合が少なくありません。これは，あらゆる機会に海外からの参加を歓迎し，少なくともスライドやポスターの内容は日本人以外にも理解可能にしようとする考え方によるものです。このような国内での英語表現に対しては，海外発表の場合とは思想を少し変えることをお勧めします。

　スライドやポスターに記載する英語も，口頭発表の英語表現も意図的に簡潔にし，日本人同士の英語コミュニケーションが円滑に進むことを狙ってみましょう。例えばスライドやポスターに記述する英語は，長い文章を避け，キーワードを中心にした箇条書きにして字数を絞るとよいと思います。また口頭の英語説明内容も，なるべく日本人が知っていそうな平明な単語を使って，ゆっくり話すのが理想です。日本人主体の聴衆に対して早口の英語をまくしたて，聴衆がほとんど理解できていないような状況は避けたいものです。

　これは本章の冒頭で説明した，「聴衆の属性を予測して発表内容を調整する」心構えの中に含まれる考え方です。英語を母国語とする人をネイティブ（Native），それ以外の人をノンネイティブ（Non-native）と呼びますが，日本人主体の聴衆を想定した発表は，ネイティブ聴衆を想定した場合とは，準備段階から頭を切り替えて臨むことは当然とも言えます。

　実はこのように聴衆の属性を考慮して発表内容を調整する考え方は，ノンネイティブ参加者の多い国際会議において，ネイティブの発表者にも求めたいことです。国際会議の場において，ネイティブ同士で話すときと同様のスピードで講演する発表者が多く見られますが，聴衆の属性を考慮しない発表者として，あまり尊敬はできません。逆に聴衆層を配慮して平明な英語表現でゆっくり話す発表者

は，より多くの聴衆に発表内容を正確に伝えることができ，研究者としても尊敬を集めます。

　最近では，国際的な場においてイングリッシュ（English）ではなくグロービッシュ（Globish）を使いましょうと言われることも多くなっています。グロービッシュとは，グローバル（国際的）な場で使用すべき国際共通語としての英語のニックネームです。国際語としての英語は，ノンネイティブにも理解しやすい平明な表現を主体としたものであるべきだとの思想に基づき，フランス人のジャン・ポール・ネリエールがグロービッシュの概念を2004年に提唱しました。グロービッシュは，ネイティブの使う英語から難しい単語や難解表現を取り除き，少ない基本単語で表現する平明な英語です。例えば，自分の兄弟の息子（おい）をnephewと言わずに，son of my brotherと表すことにより基本単語のみで表すことができます。少しは日本語の分かる欧米人に対して，「おい」という言葉を使わずに「兄弟の息子」と表現した方が伝わりやすいことから，その効果が想像できると思います。

　日本人としても，学会で使用する英語は，国内講演はもちろん海外講演においても，なるべくグロービッシュを使うよう心がけたいものです。

コラム ⑥ あがり症の人へのアドバイス

　「学会発表には興味あるけど，あがり症の自分には無理！」と思っている人はいませんか？　結論から言うと，「大丈夫。何とかなります！」です。大学の研究室で指導をしていると，研究室内での研究進行報告程度でもドギマギしているあがり症らしき学生が毎年います。それでも秋から冬頃の学会では何とか口頭発表をこなし，卒業の頃には別人のように堂々と発表できるようになっているものです。本人に心境の変化を聞いてみると「さすがにあがり慣れしました」とのことでした。筆者の研究室では研究計画発表に始まり，月例報告あり，研究進行状況報告あり，卒論・修論の中間発表と最終発表のリハーサルありで，前に立ってスライドを使った説明をする機会が多いので，次第に発表慣れしてくるようです。あがり症の人が発表の際にあがるのは普通のことで，その状態で発表することを繰り返していると，あがっていても平気という心境になるわけです。要は回数をこなして慣れれば何とかなるということです。

　そもそもどんな分野でも，大事な本番で緊張することは悪くないと言われています。緊張状態でテンションが高まっていると，いつも以上の力が「火事場の○○力」として発揮できたりするからです。スポーツ選手や歌手も緊張状態をうまく使って本番では練習時以上の力を出しているそうです。ただし，慣れない緊張状態では破綻してしまうかもしれないので，「緊張慣れ」は必要です。学会発表の前には，研究室での発表リハーサルや友人や家族の前での練習を本番気分で繰り返し，「緊張慣れ」しておきましょう。

第6章

投稿論文にチャレンジ

35 投稿論文とは？
査読により内容が保証される

　17節でも述べましたが，学会発表の際に発表内容を論文形式にまとめて事前に提出するものが発表予稿で，これをまとめた冊子は発表予稿集（または発表要旨集，発表論文集）などと呼ばれます。これに対し，学会が定期発行する学会誌や論文誌に掲載される論文は投稿論文と呼ばれ，その原稿を各学会に提出することを論文投稿と言います。

　投稿論文も見た目は発表予稿と同じで，一般に「題名，概要，序論，実験方法，実験結果，結論」の構成ですので，書き方も4章で発表予稿の書き方として述べたとおりです。分量の点では，発表予稿は4ページ以下程度の制限があるのに対し，投稿論文には一般にページ数制限がなく，6〜8ページ程度のものが多いようです。

　ただし，見た目も書き方もあまり違わない割に，両者はその権威が大きく違います。投稿論文は「投稿→査読→著者による修正→掲載承認」の過程を経て学会誌や論文誌に掲載されるもので，「査読つき論文」とも呼ばれます。査読とは，その論文の分野を専門とする研究者（多くは博士号所有者）2名程度が学会から依頼されて，論文の内容の不備や問題点についての指摘をまとめて学会に報告する手続きです。査読結果は査読者名を伏せて学会から著者へ伝えられます。査読結果を受け取った著者は，査読結果に基づいて論文修正を行い，期限内に修正版を提出しなくてはなりません。査読過程を経て学会誌等に掲載された投稿論文は，学会の内容審査に合格した保証つきという権威を持つことになります。

　一方，発表予稿は一般に投稿論文のような査読と修正の過程を経ないものです。発表予稿は，著者が書いた内容がそのまま講演予稿集等に掲載されるのが通例です。講演会によっては，発表申し込みの際に提出する発表概要の内容について審査があり，発表の可否判定が行われ，場合によっては発表許可条件として内容に注文がつく場合もあります。このような発表可否判定が簡便的に「査読」と呼ばれてしまうこともあるので混乱しやすいのですが，発表の可否判定は本来「査読」

と呼ぶべきものではありません。

　発表予稿と投稿論文はまったく別種のものですが，おのおのの呼び名はあまり厳密に定義されていません。「論文」は一般名称ですので，発表予稿も論文の一種ではあります。決定的な違いは査読過程を経ているかどうかですので，「査読つき論文」と「査読なし論文」とに分類するのがもっとも明解です。

　一般に研究者の業績は，この「査読つき論文」の掲載件数で判断されます。例えば博士号の取得条件として，「査読つき論文」の掲載本数が大学によって定められています。学会予稿の本数がいくら多くても博士号は取得できません。研究者としての業績や実績を示す数値指標としても，査読つき論文本数が圧倒的に重視されます。

　投稿論文執筆に至る道筋としては，まずは学会予稿を書いて講演を行い，その際の質疑結果等も生かし，必要なら追加実験結果等も加えつつ，予稿の内容を補足充実させて投稿論文として仕上げるという過程がお勧めです。その際，学会講演 2 回分の予稿をまとめて 1 件の投稿論文として仕上げるような場合もよくあります。学会発表の次は，論文投稿にぜひチャレンジしてみましょう。特に博士号取得を目指している人には必須です。

　学会誌や論文誌は，国会図書館をはじめ主要図書館で半永久的に保存されますので，掲載された研究成果は世の中に確実に残せることになります。これに対して，講演予稿集等は図書館でもやがては廃棄されることが多いようです。

発表予稿と投稿論文の比較

	査　読	修正要求	博士号との関係	分量の目安	国会図書館での所蔵
発表予稿	なし	通常なし	寄与はわずか	1〜4 ページ程度	所蔵されることもある
投稿論文	あり	あり	取得の必須要件	6〜8 ページ程度	所蔵が基本

36 どんな学会に投稿するか？
英文誌も視野に

　論文投稿に際しては，どの学会を選んで投稿をすべきか，よく考える必要があります。発表を行った内容は，その発表学会の学会誌や論文誌に投稿するのが無難な手順ですが，別の学会を選んで投稿してもよいのです。学会によって「学会誌」に投稿論文も掲載する学会もあれば，学会誌とは別に投稿論文のみを掲載する「論文誌」を発行している学会もあります。一般に大規模な学会では，学会誌とは別に論文誌を発行しているところが多いようです。

　投稿論文を和文で出すか英文で出すかは，改めて判断が必要です。英文での論文投稿にはハードルを感じるでしょうが，すでに英語発表をこなし，英文予稿ができている場合は，その予稿をベースに書き加えて投稿するのは，さほど難事でもないと思います。自分の研究成果を世界中の人に知って欲しいならば，英文で書いて世界中で読まれる学会誌や論文誌に投稿する必要があります。英文誌にもいろいろあり，例えば世界中で多くの読者に読まれている Nature という有名な国際雑誌に投稿して採択されれば，認知度は世界的に高まります。ただし，そのような人気雑誌の採択率は厳しく，例えば Nature への投稿論文の 8 割以上は非採択とも言われています。厳しい採択条件をクリアできそうな画期的な成果を含む論文であれば，著名論文誌への投稿にチャレンジするとよいと思います。ちなみに，Nature を発行しているのは学会ではなく出版社で，ほかにも出版社が発行する著名雑誌が多くあります。それらの著名雑誌では学会と同様に厳格な査読が行われますので，投稿先を選ぶ際には学会と同列の選択肢に加えてよいのです。

　学術会では，インパクトファクター（Impact Factor：IF）という論文誌等の格づけ指標があり，その雑誌の掲載論文が世界中でどのくらいの頻度で引用されているかの実績によって各論文誌の IF が算出されています。IF の高い論文誌等に掲載された論文ほど，高い価値があると一般に言われます。研究者個人の研究業績指標として，掲載論文の IF の集計数が使われることもあります。一般的に

はIFの高い論文誌ほど論文採択率は低い（採録ハードルが高い）傾向になっています。例えば，先ほど紹介したNatureのIFは極めて高いので，論文が掲載されれば研究者の業績としてはかなり高く評価されます。研究の活発な分野ほどIFは高くなる傾向はありますし，IF至上主義は望ましくないとの意見もありますが，一つの指標として通用していることは確かです。

　以上，いろいろと紹介しましたが，最初からあまり高望みして英論文の作成途中に挫折したり，投稿しても掲載を却下されたりしては元も子もありません。現実的には，初めての論文投稿はなじみのある学会に和文で投稿するところから始めるのが無難ではあります。投稿する学会誌や論文誌の選択では，自分の執筆内容に関心を持って読んでくれる読者がなるべく多く期待できる場を選ぶことが基本です。ただし，所属研究室には定番の投稿先があったりもしますので，まずは指導教員に相談してみましょう。

投稿論文の実例

37 査読とは？
編集委員会からの修正リクエスト

　学会誌等に投稿すると，少し間を置いて編集委員会から査読結果が送られてきます。査読結果のおおまかな分類としては，［採録，条件つき採録，非採録］のいずれかになります。非採録は，「当学会の扱う領域に収まらない論文なので，当学会の論文としては掲載できない。ほかの適切な学会等への投稿をお勧めする」という場合か，「投稿内容が部分的な修正や補足ではすまないレベルなので，条件つき採録にもできない（内容を全面的に見直しての再投稿があれば，改めて判断する）」という場合です。採録とは，「補足修正の必要がないので，このまま掲載する」という場合です。

　修正要求なしの採録判断がなされることは，まずないと思ってください。いきなり非採録とされることも一般的に多くはありませんが，採録率の極めて厳しい論文誌等（例えば Nature 等）では，非採録（査読過程にも入らない）の可能性は高くなります。一般に多いのは「条件つき採録」です。2 名程度（学会等により異なる）の査読者が独立に査読を行い，記述の不備や疑問点を列挙した査読結果が送られてきます。

　査読結果を受け取ったら，指摘された事項を反映した修正原稿を作成し，期限内に返送します。修正原稿は査読者や編集委員によってチェックされ，指摘点が十分に補足修正されていると判定されれば，採録決定となります。もし補足修正が十分でないと判定された場合は，再修正を求める連絡が来ます。再修正原稿は，再び査読者や編集委員によってチェックされ，指摘点が十分に再修正されていると判定されれば，採録決定となります。このような再査読は延々と続く可能性があるかと言えば，実際には 3 回以上の査読を受けたという話はあまり聞いたことがありません。多くとも 2 回目程度で採録 OK が出るか，あるいは著者による十分な修正が見込まれないという理由で非採録判定に切り替えられるのが通例だと思います。

　査読結果への対応は大変そうに思われるかもしれませんが，査読結果の1項目ずつに誠実に対応して必要な補足修正を淡々と行えばよいのです。査読結果を受け取ったら，採録への道は最終段階に入ったと思ってよいでしょう。

　論文の投稿から学会誌等への掲載に至るまでの期間は，査読過程も含め数か月以上かかるのが通例です。投稿から掲載までには次のような手順になります。

　投稿→査読結果受け取り（1か月後）→修正原稿の提出（1か月後）→採録決定通知の受け取り（1か月後）→校正依頼受け取り（1か月後）→校正結果の返送（1週間後）→論文掲載（1か月後）

　上記の時間経過を足してみると半年近くかかる計算になります。投稿から掲載までの期間はなるべく短いのが理想ですので，各学会でも短縮努力を進めており，特に論文誌等を電子版で発行する学会は掲載までの期間がかなり短いことも期待できます。それでも，投稿から掲載までは，数か月程度を想定する必要がありますので，例えば博士課程で博士号を取得しようとする場合には要注意です。大学内における判定審査の時期までに投稿論文の掲載が必要なら，数か月前に投稿を完了しておく必要があります。論文掲載がわずかに間に合わないために，博士課程の3年間では博士号取得ができず，プラス1年の在学をすることになる例は珍しくありません。修士の場合も，例えば多くの研究業績により奨学金免除を狙うような場合，修士課程在学中に掲載が間に合うようなスケジュールで投稿を完了しておくのがお勧めです。

査読判定の分類

判　定	判定内容	頻　度	備　考
採　録	修正不要で掲載	最初の査読結果としては，ほとんどなし	これを期待してはいけない
条件付採録	査読コメントを反映できたら採録	大半はこのケース	反映不十分の際は再度査読による修正指示あり
非採録	査読過程に入らず非掲載決定	多くないが採録率の厳しい論文誌ほど高頻度	「Nature」では大半の投稿に対しこの判断

38 査読結果への上手な対応方法
完璧を目指し過ぎない

　査読結果は，対応しやすい順番に並べると次のように分類可能です。

1）　文章の補足修正を求める。

2）　図表の修正や追加を求める。

3）　論理の不備や矛盾を指摘する。

4）　実験や計算等の不備を指摘し，やり直しや追加を求める。

　上記4）に対しては一般に対応に手間がかかりますが，そのような厳しい査読結果が伝えられることは，そう多くはありません。

　査読結果は，問題点を列挙する形で示されるのが普通ですので，各問題点について補足修正を加えた修正原稿を作成します。それと同時に査読者の指摘項目ごとに，どのような補足修正対応を行ったかを列挙した回答書を，次の例のように作成して添付するのが一般的です。

> 指摘事項1）　実験方法の説明部分において用いた実験装置の説明が不足しています。
> 修正内容 →　実験装置の詳細を説明する表（表3）を追加しました。
> 指摘事項2）　実験結果のグラフ（図5）において縦軸が何を示すか不明確です
> 修正内容 →　縦軸の軸名表記の表現を分かりやすく書き改め，本文にも縦軸数値の算出方法について説明を追記しました。

　査読者が複数名の場合，修正原稿はもちろん一つでよいのですが，上記のような回答は査読者別に用意することになります。

　査読結果には100%の完璧な修正対応をすることが理想ですが，全部には対応しきれないと感じることもあるかと思います。その際，対応しきれないからと言って，修正をあきらめ論文掲載を断念してはいけません。何とか70%ぐらいは対応できたかなと思えたら，いったん修正原稿と回答書を返送してみるのがよいと思います。実は査読者の方も過大な修正要求をし過ぎたかもと思っている場合も

あるので，著者の対応が70％程度でも掲載OKの判断をしてくれる可能性もあるのです。ちなみに査読者は匿名が大原則です。もしだれが査読者か分かってしまった場合も，著者と査読者が直接連絡を取ることは禁止です。あくまで学会を間に挟んでのやりとりを続けなければなりません。

　また，査読者にも寛容な査読者から厳格な査読者までいろいろです。学会の編集委員会は，厳し過ぎる査読結果に対しては著者が100％対応しきれていなくても掲載OKの判断をする可能性もあります。学会にもよりますが，編集委員長や編集委員会には，一般にそのような大局的判断をする役目が与えられています。

　査読結果を目にすると，指摘事項がずらっと並んで圧倒され，絶望的な気持ちになるかもしれません。それでも気を取り直して，項目ごとに一つずつ対応していけば何とかなるものです。もちろん査読結果を受け取ったらまずは指導教員に相談し指導を受けましょう。

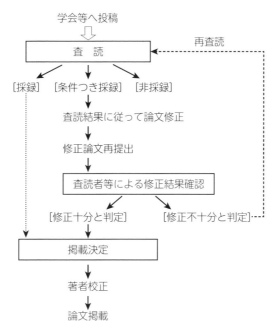

投稿から掲載までの流れ

39 英語論文を書いてみよう
作文より借文がお勧め

　和文で予稿や論文が書けたら，次は英語での論文執筆にチャレンジしたいところです。英語論文は世界中の人が読めるので，情報発信力が日本語論文とは桁違いです。36節でも述べたようにまず国際的な学会での発表機会を得て英語で予稿を書き，発表後にその予稿をベースに充実させて論文原稿として改めて学会に投稿するという手順もお勧めです。

　国際学会発表用の英文予稿を書くのも投稿論文用の英文原稿を作成するのも，やるべきことはそう変わりません。英語が得意な人はいきなり英文で原稿を書き始めてもよいですが，最初はまず和文原稿を書いてみるのがよいと思います（研究室の指導方針にもよります）。この際，気をつけたいのは，英語に直しやすい簡潔な日本語を書くことです。主語の省略を避けて，主語－述語－目的語の関係がはっきりした日本語を書いておくと英文化しやすいと思います。最終的に提出するのは英語原稿ですので，和文原稿は短文の羅列された，たどたどしい文章でかまわないのです。和文案は箇条書き形式とするのもよい方法だと思います。

　和文原稿ができた段階で，指導教員から指導を受けましょう。内容の過不足や論理や表現について指導されると思います。英文化を進めてしまってからだと，指導する方もされる方も手間が増えるので，内容自体に関わる修正は和文の段階ですませてしまうのが効率的です。

　和文での原稿修正が終わったら英文化ですが，和文単語を一つずつ英単語に置き換えていくような英文化はやめましょう。和文の内容をいったん頭に入れて，その趣旨を伝えるにはどんな英語表現が適切かを考え，日本語に引きずられない英語表現にすることが肝要です。また，論文用の英語表現には決まり文句が多く存在しますので，その定型文を調べて拝借するのはお勧めです（このような書き方は「借文」とよく言われます）。例えば図表の紹介の仕方，グラフの表す内容の説明方法，実験条件の紹介方法，結論の言い回し等々，決まり文句だけで英論

文が書けそうなぐらい定型パターンがあります。それらの定型文については，数多く出版されている「英語論文執筆法」的な参考書に豊富に紹介されています。また，実際に自分の専門分野の論文を読めば，定型表現の見本にできると同時に，その分野特有の専門用語なども分かるはずです。その際，ネイティブ（英語を母国語とする人）の書いた論文を参考にするのがよいと思います。

　日本人が書く英文としては，洗練された英文を目指すよりは，無骨でも短文を連ねて誤解の生じにくい英文とするのが無難と思います。また，最終的にはネイティブに英文添削を依頼するのが理想的です（専門業者に研究室の費用で依頼するのが通例）。ネイティブ添削を予定している場合は，英語表現の洗練はネイティブに任せましょう。ただし添削者に内容を誤解されないような簡潔明瞭な英文を書くよう留意すべきです。ネイティブ添削者に趣旨を誤解されたまま英文に直されると，内容自体がおかしくなってしまいます。ネイティブ添削結果の内容確認は必須ですが，もともと誤解されにくく簡潔な英文を書いておけば，再修正の手間も減らせます。

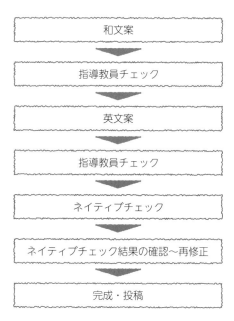

英論文の作成手順の例

査読者のつぶやき

　筆者も査読を引き受けることがよくありますが，査読は結構骨の折れる仕事です。著者が書いた原稿を精読し，分かりにくい点や説明不足の点を指摘したリストを作成します。記載の補足ですむような指摘事項ならよいのですが，実験方法に不備が見られる場合は，「これを指摘すると著者は再実験することになるのかな？」と少し同情的な気持ちになる場合もあります。また真面目に査読するほど指摘事項は増えて長いリストになり，「細かく指摘し過ぎたかな」と思う場合もあります。

　筆者も論文を書く身として著者の苦労は分かりますので，あまり手厳しい査読結果を返すのは心が痛む面もあるわけです。そういうわけで，査読結果に対する修正原稿を受け取った際には，指摘事項に必ずしも対応しきれていない場合でも，「厳しい査読結果に結構よく頑張って対応してくれたよね。採録OK！」という心境になったりもします。

　皆さんは厳しい査読結果を受け取って，「この指摘に全部対応するのは無理！」と絶望して投げ出したりしないようにしましょう。本文にも書いたように査読結果に100％の対応ができていなくても，そこそこの修正内容で出してみると，意外にすんなり通って掲載に至るのは，査読者の心境を察するとありそうなことです。もちろん手抜きはいけませんが，査読対応には完璧を求め過ぎない気楽さをお勧めしたいと思います。

第7章

世界に羽ばたこう

40 国際舞台に出る意義は？
国際コミュニケーションを経験しよう

　日本語での学会発表の次は英語での学会発表にチャレンジしてみましょう。日本国内でも国際的な発表の場は多く開催されていますので，必ずしも海外まで出かける必要はありません。コロナ禍以来，オンライン開催形式も急増していますので，旅費の心配なく国際発表の場に参加できる機会も増えています。ちなみに，国際的な講演会は慣例的に「国際会議」と呼ばれますが，議論のための会議ではなく講演会であることが普通です。

　国際会議で発表する意義は何でしょうか？　英文で論文投稿をした方が世界中の人に知ってもらえる点で望ましいのと同様，国際会議での発表は国際的な情報発信として大きな意義があります。また学生にとって，英語発表は国際コミュニケーション力を身につける貴重な機会であり，実践的な英語力向上のよいきっかけになります。英語での発表や質疑応答を経験し，何とかこなせた体験をしておくことは，その後の社会人生活においても自信の源になるはずです。

　国際会議においては，大勢の聴衆を前にした口頭発表が理想ですが，初めての発表にはポスター発表形式もお勧めです。口頭発表では，発表原稿を作って臨めば発表そのものは何とかなるのですが，質疑応答が難関です。質問が聞き取れなかったり，回答を英語でうまく表現できなかったりして難儀する場合も多いようです。これに対してポスター発表の場合は，質問を聞き直すことも，時間をかけて答えることもマイペースでできるので，口頭発表よりは気楽です。ポスターの前で先輩や指導教員にも一緒に立ってもらい，質問対応を分担したり，必要に応じて助け船を出してもらったりすることも容易です。

　33 節でショートプレゼンテーションつきポスター発表について解説しましたが，この形式は英語発表の場合には特にお勧めです。3 分程度の短い英語発表は，研究のよい国際アピール機会であり，発表トレーニングにもなります。しかも，準備は比較的楽ですし，難関の英語での質疑応答が，壇上ではなくポスターの前

で時間をかけてできるので安心です。

　国際会議での発表の前には，もちろん英文予稿を提出することになります。英文予稿の作成はよい経験になりますし，39節でも述べたように英文予稿をベースにすれば，英語での論文投稿に進むのも容易です。

　海外での国際会議への参加は，旅や滞在期間も含め，英語に慣れる絶好の機会になり，あらゆる点で飛躍のチャンスになるでしょう。学生は一度国際舞台を経験すると，度胸もついて一段と頼もしくなるという印象を筆者はいつも感じています。

　そういえば，筆者も初の国際会議発表をすることになった際には，泥縄式に英会話スクールに初めて通い始めました。3か月だけ個人レッスンに通い，それなりに出費もありましたが，切迫した状況でもあり，かなりの効果があったと感じています。切実な状況下で英会話スクールに通うとモチベーションも高く，効果が出やすいようです。

米国シアトルでのポスター発表

41 伝わる英語発表とは？
シンプルな表現でゆっくり話す

　日本人は英語教育にかける時間が長い割に話せないとよく言われます。皆さんも英語を読む方はともかく「話すことや聞き取りが得意です」と言える人は多くないと思います。「国際会議で英語発表なんて無理！」と言いたくなると思いますが，そのハードルは一度思い切って乗り越えてしまいたいところです。

　そもそも，使用言語にかかわらず，伝える意義のある内容と，それを伝えようとする意志があることがもっとも重要で，英語がペラペラなだけでは聴衆に何も伝わりません。実は英語の発音はコミュニケーション力を決める要素の筆頭ではないのです。例えば海外で大学教授を務めるような日本人でも英語の発音も上手とは限りません。英語より研究実績次第なのだと改めて実感することもあります。

　英語の発音がよいに越したことはないのですが，優先順位としては，まず伝えるべき内容があり，伝えようとする意志があり，分かりやすいスライド画面があり，おまけに聞き取りやすい口頭説明ができれば言うことなし，という順で考えるのがよいと思います。例えば，日本人から見てもドイツ人の英語はドイツ語っぽく，中国人の英語は中国語っぽく聞こえることが多いのですが，それでも聞き取りやすい人から聞き取りにくい人までさまざまです。発音は怪しいなら，せめてゆっくりとシンプルな英語を話してくれると助かるのですが，発音は怪しい，文も長い，しかも早口となるとお手上げです。ネイティブのまねをする必要はないと割り切り，短いシンプルな英語をゆっくり話せば，怪しい発音から本来の英語を想像する余裕を聴衆に与え，結果的に内容が伝わりやすくなるでしょう。お世辞にも英語の発音が上手とは言えない日本人の発表が，意外によく伝わるようで不思議に感じた記憶があります。まず興味深い内容があり，伝えたい意志があり，ゆっくり話すので，聴衆は真剣に聴き，一生懸命に理解しようとしてくれたのだと思います。

　そうは言っても，せっかくの機会ですから英語の発音トレーニングはしっかり

やりましょう。発音は電子辞書でもインターネット上でも確認できますので，発音に自信のない単語はこまめに発音をチェックし，オウム返しに発音してみるのがよいと思います。筆者の研究室では，学生の発表原稿の最終添削をネイティブの英米人に依頼し，ついでに修正原稿の読み上げ録音も依頼します。発表学生は録音を 100 回以上聴いて発音を頭に染み込ませることになっています。最近ではインターネット上で英文を入力すると，音声で読み上げてくれる無料サービスもあり，発音のお手本に使えると思います。

　実は，インターネット上では和文を入力すると，英文に翻訳してくれるサービスもあるので，英訳段階からこれに頼ってしまいたくなりますが，学生にはお勧めできません。入力した和文に曖昧な部分や不正確な部分があると，本来の意図とは異なる英文が自動作成される危険が高いからです。自分の伝えたい意図が表されているかどうか判定できる英語基礎力がない場合は，意図とは異なる内容を発表することになる危険が高いのです。インターネット上の自動翻訳サービスは，英語力に自信がある上級者が省力手段として利用するには便利ですが，使いこなすには高い英語力が必要と認識してください。

伝わる英語発表のための優先順位

1. 魅力的な内容
2. 伝えようする意志
3. 分かりやすい提示画面
4. 聞きとりやすい英語

42 英語での質疑応答のコツ
決まり文句の口慣らしをしておこう

　国際会議では，発表自体は原稿を作って発表練習をしっかりやっておけば何とかなりますが，難関は英語での質疑応答です。10 〜 15 分程度の発表にプラスして標準的に設けられる 5 分程度の質疑時間はあっという間ではありますが，もし何も満足に答えることができないと，無限に長く感じるかもしれません。

　質問に答えられない状況は，次の四つのケースに分類可能と思います。

1) 質問が聞き取れていない。
2) 質問は理解できたが，回答内容を思いつけない。
3) 回答したい内容の英語表現が分からない。
4) 詳細なノウハウに属する内容なので，回答を避けたい。

　実は一番多いと思われるのは，上記 1) の聞き取れていないケースです。その場合，ともかく質問を聞き直すことが必要ですが，聞き直すための英語表現が分からなければ，そこで立ち往生になってしまいます。質問を聞き直すための決まり文句は必ず覚えておきましょう。例えば質問者が早口で聞き取れなかったなら「Could you speak more slowly please ?」という単刀直入な表現もありますし，ほかにも「pardon ?」など簡潔な聞き返し表現もありますので，覚えて口慣らしをしておくと安心です。二つ以上の質問をされて，一つ目に答え終わったときには二つ目を思い出せないという状況もありそうです。その際は，迷わず質問の繰り返しをお願いしましょう。

　質問の意味は分かったが，考える時間が欲しいときは，いきなり黙ってしまわないで，何か場つなぎの言葉を言っておくのがよいと思います。日本語でならば「えーと，それはですね。ちょっと考えさせてください」と言うところです。国際会議の壇上で，「えーと」と言ってしまうと英語発表らしくないので，「えーと」と言いたいとき用の「Let me see」など決まり文句を覚えて口慣らししておきましょう。

　「質疑応答に備える」(30 節) でも述べましたが, 英語の質疑応答準備としては, 想定質問リストを作っておくことが極めて有効です。英語で想定質問を作成する過程で, 質問に現れる英文キーワードに親しんでおきましょう。質問中にそのキーワードが出てきたとき, 「あの質問項目だな」と気づきやすくなります。また, 想定質問に対する回答の英語表現を用意しておけば, 壇上で初めて英語表現を考え始めるよりはるかに安心です。質疑応答の準備としては, 聞き直し表現や場つなぎ表現に慣れておくこと以外には, 想定質問リストの充実に尽きると思います。もちろん, 事前の発表リハーサルの際に指導教員や先輩, 同輩に英語での質問をしてもらい, 予行演習しておくことも重要です。答えに詰まる体験をして, 聞き直しや場つなぎ表現の練習もしておきましょう。

　四つ目のケース (答えたくない) は, 企業の研究者の発表においてよくあるケースです。例えばライバル企業が詳細な材料名等を聞いてきた場合, 所属企業の不利益になるような場合は, 回答を断らなければなりません。学生の発表においても, 企業と共同研究をしている場合等は, 詳細をどこまで回答してよいか事前に確認しておくべきです。

質疑応答で困ったときの表現例[1, 2]

項　目	英文例
質問が聞き取れなかった	I beg your pardon? (単に pardon? でもよい)
	Excuse me, I didn't follow your question.
	Excuse me, I couldn't hear your question.
	Could you speak more slowly please?
質問内容を確認したい	Are you asking about XXX?
	Is your question about XXX?
二つ目の質問を再確認したい	Excuse me, what was your second question?
ちょっと考える時間が欲しい	Let me see.
言葉に詰まったときのつなぎ	Well・・・
	Umm・・・
答えるべき結果を持っていない	Unfortunately, we have no results for that.
本当に難しい質問, または事情により答えられない質問に対して	That is a difficult question to answer.

[1]　大杉邦三『携帯　会議英語　−国際会議・英語討論のための表現事典−』大修館書店, 1984
[2]　C.S. ラングハム『国際会議 English　挨拶・口演・発表・質問・座長進行』医歯薬出版, 2007

43 英語は文型を意識して使う

英語の基本は SVO［主語＋動詞＋目的語］

　最近，「聞く・話す」の英会話重視傾向のためか，学生の皆さんの文法知識が不足気味なのをもったいなく感じます。文法は，面倒な規則と思われがちですが，実は日本人が英語を効率的に使いこなす上では，文法の基本知識は強力な武器になります。母国語を文法から先に習得する幼児はいませんが，母国語以外を改めて習得する際には文法の基礎は頭に入っていた方が効率的です。特に五つに分類される「文型」については，理解しておくと断然有利です。この五つの文型については，文法の基礎として習ったはずですが，改めてざっくりおさらいしてみましょう。まず次ページの 5 文型の整理表を見てください。

　5 文型の中で，特に第 3 文型が英語の基本形だと理解しておくと，英語の読み書きはもちろん，聞くのも話すのも楽になります。第 3 文型は Subject（主語 S）＋Verb（動詞 V）＋Object（目的語 O）という言語の基本要素を備えた文型です。英語を書くときは極力この第 3 文型 (S＋V＋O) で書くことを基本としてみましょう。第 3 文型で書こうとすると，主語と動詞と目的語を定めることになりますので，英語の骨格が確実にできます。読むときにも主語と動詞と目的語を特定できると，意味の骨格が理解しやすくなります。動詞に対する目的語をもう一つ持つ第 4 文型 S＋V＋O＋O や，動詞に対する補語 (C) のある第 5 文型 S＋V＋O＋C は，第 3 文型にもう一つだけ要素を足したものです。第 3 文型を想定して読み始めてみて余分な要素が出てきたら，第 3 文型に補語 (C) か二つ目の目的語 (O) が足された文だと思えばよいのです。

　逆に第 1 文型 S＋V は，動詞の作用対象として目的語を必要とするはずの動詞が，目的語の要素を内包する自動詞である場合の文型です。例えば sing は本来 song という目的語を作用対象として，I sing a song と第 3 文型で書けばよいのですが，歌うのは歌に決まっていて「馬から落馬」式に冗長に感じられます。sing は目的語を内包する動詞すなわち自動詞として使用可能なので，I sing と

いう第１文型（S＋V）ができあがるわけです。

　We are happy や This is a pen などの第２文型（S＋V＋C）は動詞として be 動詞を使う場合が主ですので，be 動詞専用の特殊文型として例外的に理解しておけばよいと思います（ただし，become，seem，smell など，目的語なしに補語を持つことができて第２文型で使える動詞は be 動詞以外にもあります）。

　特に長い英文の読解では，この要素 S，V，O，C からなる幹部分と，その幹に対する枝（修飾部分）とを見分けることが，読みとるコツです。書くときも，要素 S，V，O，C の幹部分と，その幹を修飾する枝部分とを意識して英文を構成するとよいのです。

　いずれにしても，第３文型（S＋V＋O）が基本中の基本文型であり，使われる頻度も高いので，あとの四つを忘れても第３文型だけは頭に入れておきましょう。第３文型の I love you が英語の基本というわけです。

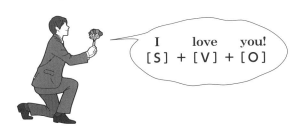

英語の５文型（第３文型の S＋V＋O が基本）

	主 部		述 部				文 型
	主語 S	動詞 V	補語 C （主格）	目的語		補語 C （目的格）	
				O₁ （間接目的）	O₂ （直接目的）		
1	Birds	sing（自動詞）					S＋V
2	We	are（自動詞）	happy				S＋V＋C
3	I	love（他動詞）			you		S＋V＋O
4	He	gave		me	a pen		S＋V＋O＋O
5	He	made			us	happy	S＋V＋O＋C

44 そもそも英語の学び方は？

英語は口で覚えよう！

　皆さんはこれまで，英語をどのように勉強してきたでしょう？　いつもは教科書を目で読むだけで，英語を話すのは先生に指名されたときだけ…ということはありませんでしたか？　言語の発達の歴史は，まず話し言葉があり，次に文字ができるという順序です。言語の勉強方法も本来は話し言葉から入るべきで，皆さんも日本語は読み書きできる前に話せたはずです。外国語の習得過程では，母国語の習得とは異なり，文法知識が大いに助けになると 43 節で述べましたが，それでも発話を後回しにするのはお勧めできません。

　英語の教科書や英論文を読むときに，できるだけ音読するとよいと思います。最初は正しい発音でなくてもよいので，まずは声に出してみることです。その際に各単語の発音が気になったら，電子辞書やインターネット上の辞書の発声機能ですぐに確認してまねするのがお勧めです。単語の意味を調べたら，常に発音も確認して口慣らしをする習慣をつけましょう。それを地道に積み上げて行けば，正しい発音経験のある単語が少しずつ増えていくことになります。

　ところで，「聞く・話す」の能力の向上には，やはり実践も必要です。財政事情が許せば英会話スクールに通うのは有効な手段だと思います。ただしその際は，安いからと言ってグループレッスンに通うよりは，個人レッスンを選ぶことをお勧めします。結局は自分が話した時間にほぼ比例して上達しますので，例えば 4 人のグループレッスンでは，仮に料金が個人レッスンの 1/4 であっても，消費時間を考慮すると，あまりお得とは思えません。また日本人生徒が一緒にいると，どうしても照れを感じて，しゃべりにくいものです。単価は高くても，個人レッスンを短期間に集中して受けることをお勧めします。

　個人レッスンでは費用は高くなりますが，元を取らねばという心理はまじめに取り組むための強い動機の源ともなります。安上がりのグループレッスンを緩い気持ちで続けるよりも，モチベーションを高めて取り組むことができるでしょう。

　学生にとって英語が必要となるのは論文の読み書きと発表の際ぐらいですが，技術者，研究者にとって英語の重要性は言うまでもありません。社会人になったら，英語の技術文献やマニュアルを読み，海外の技術者と打ち合わせを行い，海外で技術指導や工場の立ち上げを進めるなど，英語の必要な場面はますます増えていくはずです。少なくとも，英語にあまりコンプレックスを持たない状態にはなっておきたいところです。学生時代に勉強した科目の中で，もっとも確実に役立つのは英語だとも言えます。また英語の勉強成果は蓄積型ですので，少しずつでも使っていれば能力は向上します。

　それでも英語はできなくても何とかなると思っている人には，怖い話をお伝えしましょう。英語能力は，会社での能力判定基準として使われることもあるようです。例えば，同期入社組の中での能力比較を簡単に行いたかったら，とりあえず英語のテストで優劣判定をしてしまうのです。乱暴な判定法に思えるかもしれませんが，英語能力は英語学習にどれだけ時間をかけて頑張ったかで（帰国子女は別として）決まるとすれば，英語力の高い社員に怠け者はいないと期待できるわけです。実際に，管理職への昇格に際して英語の試験を課す会社は多いのです。また，英語能力の高い社員を選んで海外留学の機会を与える企業もあります。やはり，ある程度の英語能力は身につけておいて損はなさそうです。

コラム 8　学会出張の楽しみ

　学会の国内講演会は，関東圏か近畿圏で開催されるものが多いのですが，地方開催として北海道，四国，九州など全国各地でも大きな講演会が開催されます。地方開催の場合，参加には宿泊つき出張となるのが通例です。実はこのような出張にはお楽しみ部分があります。学会出席の間は，毎晩が地方の名物料理や地酒を味わうチャンスです。最終日の午後が空けば，たっぷり観光名所めぐりをしてから帰ることも可能です。

　皆さんには，そのようなお楽しみ部分への期待で学会参加のモチベーションをさらに高めることを大いにお勧めしたいと思います。不謹慎に思われるかもしれませんが，そうでもありません。実は学会側もそのようなモチベーションによる参加者増を狙って地方開催を設定している面もあるのです。春季と秋季に定期的に講演会を開催する学会では，春は関東圏で，秋は各地方で開催することを恒例とする例も少なくないようです。

　海外への国際会議出張の場合は，このようなお楽しみ部分はますます刺激的です。学生の学会発表のための出張には旅費の一部補助がある場合も多いので，少ない自費負担で海外旅行に行けると期待することもできます。海外の学会も全世界から参加者を集めたいので，有名な観光地を選んで開催するのです。実は筆者も，ある学会の国際会議が地中海に面したニースでの開催と聞いて，頑張って発表ネタを用意して参加しようと決めた経験があります。

　米国では大リーグのナイトゲームには学会開催時間後に参加できます。もし音楽好きであれば，全世界の有名オーケストラの生演奏を意外に安い現地料金で楽しむチャンスもあります。皆さんもこのようなお楽しみも励みにして，学会発表にチャレンジしてみませんか？　発表準備に挫折しそうになっても，「サンフランシスコでゴールデンゲートブリッジを自転車で渡るんだ！」というような目標があれば，もうひと頑張りできそうです。

第8章

修士の進路と就職は?

45 就職先の決め方
マッチングを考えよう

　就職活動についての実用的な指南書を読む機会は多いと思いますので，本書では就職の本質的な考え方について述べておきたいと思います。

　どんな仕事に就きたいか，どんな会社で働きたいかをまずよく考えましょう。一方で，採用側も優れた人材を採れるかどうかが会社の将来を左右するので，活躍してくれそうな人材を真剣に探しています。すなわち就職活動と採用活動は，両者がマッチングを確認しあうプロセスと言えます。求職側のスキルやモチベーションと，求人側の求める人材像との一致点が見つかるとき，採用に至るわけです。図示したように，自分のやりたいことや得意なことの集合と，就職希望先が求める人材像の集合のオーバーラップ部分が存在すれば，採用の可能性があります。皆さんは就職希望先の求めるスキルや人材像を推定し，自分のやりたいことやスキルとの整合を見極めることが大切です。その整合性がない会社を受けても採用には至らないでしょうし，万一採用されたとしても長続きしないと思います。

　ただし，自分のやりたいことや，やれそうなことは広めに考えましょう。3節でも述べましたが，例えば，修士の2年間で取り組んだテーマや専門領域が生かせる企業だけを検討対象とするのは，狭く絞り過ぎです。企業側は修士課程の2年間で得た専門性よりは，むしろ修士課程において獲得した問題発見力や問題解決力を期待している場合が多いのです。また，自分のやりたいことの守備範囲は今後拡大していくことを想定しましょう。例えば筆者は学生時代に研究方面には大いに関心があり，教育方面にはそうでもなかったのですが，縁あって大学に職を得てから，教育方面にも興味や適性があったことにやっと気づきました。

　企業側はまず所属学科名によって，皆さんのスキルを推定すると思われます。すなわち自分の所属学科の守備範囲とかけ離れた業務範囲を持つ企業は，皆さんを門前払いしてしまうかもしれません。例えばゲームソフト制作専門の企業が，化学科の学生に対し，自社ビジネスに役立つスキルを期待してくれるとは思えま

せん。もし自分が所属学科名からは想像しにくい特別なスキルを持ち，それが希望企業とのオーバーラップ部分を形成するなら，特別にアピールしておかないと，役立つ人材候補と思ってもらえないでしょう。エントリーシートや面接において，根拠を伴った強いアピールが必要になります。一般にオーバーラップ部分の存在は，皆さんの方から就職希望先に伝えなければなりません。それこそが就職活動そのものであり，特に面接においてアピールすべき点です。

　ところで，就職先は慎重に選ぶべきである一方で，就職先に唯一の正解などありません。就職は偶然の出会いの要素も大きいのです。全世界から最適な結婚相手を1人選ぶことが無理なのと同じです。就職先として悪くない，許容できると感じられる会社からお呼びがかかったら，喜んで行けばよいと思います。どの会社がベストかは分からないので，行った先で仕事を楽しみ，頑張るのが正解だと思います。

　天に与えられた職で努力するという謙虚な考え方もありますので，「植えられた場所で花を咲かせましょう」と達観するのも悪くないと思います。大統領予備選挙でオバマに敗れたヒラリーは，オバマのもとで国務長官の職を立派に務めていましたが，彼女にもそのように謙虚な達観思想があってのことだったそうです。

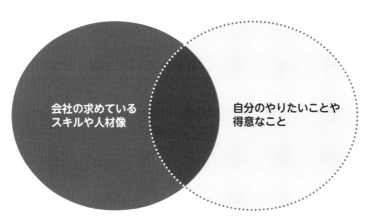

会社の求めている
スキルや人材像

自分のやりたいことや
得意なこと

求人側と求職側のマッチングの概念

46 トレンドを読む
主役は交代し続ける

　就職先を選ぶとき，候補先の現時点での業績がよいに越したことはありませんが，さらに重要なのはその会社や業界が成長局面にあるかどうかです。もちろん，これは大変難しい予想問題です。例えば，筆者は学生時代は機械工学関係の学科の所属だったので，大手自動車メーカーの幹部技術者の集中講義を受講する機会がありました。その講師は自動車会社の将来展望について，1970年代の終盤時点で暗い見通しを示されました。日本では一家に1台がほぼ達成されたので需要は頭打ちであり，一方で世界の原油は近く枯渇する見通しなので，我が国の自動車業界の将来は明るくないとの話でした。ところがその後，日本は1人に1台の時代へ進み，海外販路が開け，また新油田の発見もあり原油の枯渇局面は到来しなかったのです。結果として，日本の自動車業界はその後ますます繁栄を続けました。

　筆者は1980年にNTT（当時は電電公社）に就職しましたが，入社当時は移動式の無線電話として自動車電話が実用化されたばかりでした。携帯電話の元祖としての肩からぶら下げる重量級のショルダーホン（3 kg）の発売が，まだこれからという時代です[†]。その後，NTTの携帯電話事業は別会社として独立し，NTTドコモの名でNTT本体をしのぐ発展を遂げています。昨今のスマートホンの普及状況など，私の入社当時には想像もつかなかったことです。NTTから携帯電話部門が別会社として出発する際には，移動式電話の開発部門の研究員はNTT本体に残るか新会社に行くか，個々に進路希望を聞かれたそうです。そのような際には，今後の発展が未知数な携帯電話ビジネスの将来性を予想する眼力が，個々に求められたわけです。結局ドコモはNTT本体と再度合流することになりましたが，再合流までの期間をどちらで過ごすかは個々にとっては大きな人

[†] NTTドコモホームページ「NTTドコモ歴史展示スクエア・展示ゾーン」
　http://history-s.nttdocomo.co.jp/list.html，2021年1月15日現在

生選択だったはずです

　将来予測は難しいことですが，それでも世の中の一般論や自分の直感を元に，企業や業界の将来展望についてある程度の見識を持っておくことは重要です。例えば交通運搬手段が，船→鉄道→自動車へと半世紀程度の時間間隔で主役の変遷を経てきたことや，情報流布手段として，印刷物からインターネット情報へと主役の交代を迎えようとしていることなどは，大きな基本トレンドの一例です。

　今，世界中で巨大な売り上げや収益を上げている情報系企業が，新業界そのものを創成した新興企業であることは，劇的な主役交代を象徴しています。また，今後はトレンドの波が，ますます大きくかつ短周期になると思われます。

　安定的な市場とそれに対応する大きな組織を持ち，その現状維持ができれば成り立つ伝統的大企業と，市場の拡大局面に挑む新興企業のどちらを選ぶかは，皆さん自身の適性や価値観しだいです。どちらがお勧めとの一般論はありませんので，皆さん自身が自分の価値観により決めるべきことです。

　昨今は，一旦就職したら定年まで同じ会社で働き続ける日本固有とも言える風習が，徐々に薄れ始めています。働く側も雇う側も転職をうまく活用するようになり，人材流動を促進する社会システムも整備されつつあるようです。ひとまとまりの仕事を仕上げたタイミングで，例えば10～20年単位で転職もありえるとすれば，現時点では必ずしも会社生活40年分の覚悟まで必要ないかもしれません。今はとりあえず最初の就職先を選ぶぐらいの気楽さで就職活動を進めてよいとも考えられます。

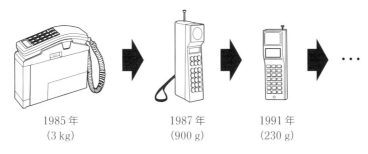

1985 年	1987 年	1991 年
（3 kg）	（900 g）	（230 g）

携帯電話の急速な小型化の進展

47 面接は怖い？
面接官の気持ちになってみよう

　「就職面接が大好き」と言う人はいないと思いますが，過剰に恐れたり堅くなり過ぎたりしないようにしたいものです。それには逆に面接官の気持ちになってみることがよいかもしれません。面接官も少しでもよい人材を採ろうと真剣です。面接官は受験者の能力や意欲や柔軟性をできるだけ正確に知りたいわけですから，受験者が堅くなり過ぎて本来持っている力を出せない状態は，面接側としても失敗です。できるだけリラックスさせた状態で本来の姿を見極めようとしているはずです。

　圧迫面接などという恐ろしい表現を聞くこともあると思います。面接時間のごく一部で受験者が答えに窮するような質問を意図的に試み，どう切り抜けるか難局対応力を見るようなことはあるかもしれません。その際は，「そら来た！難局切り抜けテストの場面だな」とでも思って気持ちを切り替えてみてはどうでしょうか。もし終始プレッシャーをかけ続ける面接を本当に行うような企業には，入社しないことをお勧めします。そのような面接に運悪く出会ったら，適当に受け答えしてさっさと帰ればよいのです。すべての就職活動を真剣にやっていては神経がすり減ってしまいます。もし面接でボコボコにされることでもあったら，「今日はひどい圧迫式をやる会社につき合って一日むだにした。こんなブラック企業のことは忘れて明日また頑張ろう」とでも考えて，自己否定に向かわないようにしましょう。ただし，面接官は優しく接しているのに，受験者側が勝手にプレッシャーを感じて，すべての面接を圧迫面接と感じているような場合は話が別です。前述のように，面接官の気持ちになってみて，気持ちの再整理をした方がよいでしょう。

　面接は試され検分される場というよりは，むしろ自己表現や自己アピール用に与えられた舞台と考え，「こんな自分ですが採用してみませんか？　損はしないと思いますよ」くらいの気持ちになれると理想的です。

特に修士の場合は，大学院でどんな研究にチャレンジ中かを分かりやすくアピールできれば，高く評価されると思います。その研究テーマが就職希望先の事業に役立つかどうかではなく，研究意義や研究内容を分かりやすく伝える能力や，意欲を持って主体的に研究を進める熱意が評価ポイントとなるでしょう。実はこの局面で修士は学士よりも少し有利です。就職活動の時期は，学部4年生は卒業研究にやっと着手前後のタイミングですので，卒業研究の内容をうまくアピールすることは，なかなか難しいと思われます。これに対し，修士2年は研究進行中の時期ですので，研究内容のアピールは難しくないはずです。結果的に修士の方がアピール材料を豊富に持ち，面接で好印象を得やすいと考えられます。このような側面もあって，結果的に修士は就職活動上も有利になりやすいのです。

48 企業における研究開発とは？
企業利益への貢献見込みが必要

　修士課程の修了後は，企業で研究開発の仕事をしたいと考えている人は多いと思います。そこで，企業における研究開発の位置づけについて解説しておきましょう。もちろん各企業の事業範囲や社風により一律ではありませんが，企業における研究開発の位置づけは，大学とは相当異なっていることは確かです。

　基本的に，どんな大企業の研究所においても，企業の利益につながる見込みのない研究は存在を許されません。長期を要する基礎研究であっても，10年後，20年後にでも企業のビジネスに貢献する見込みが必要とされます。ただしビジネスへの貢献の仕方としては，研究成果を生かした製品の販売により利益が上がることだけではなく，いろいろな貢献方法がありえます。例えば，研究成果としての発明により取得した特許を他社に使用許諾し，対価として特許使用料を企業が得るという貢献方法もあります。また，企業イメージ向上という貢献方法もありえます。ノーベル賞受賞者を輩出した企業のイメージは急上昇し，売り上げ増や優秀な新人の採用につながるに違いありません。この研究でノーベル賞を取りますと言える信念と説得力があれば，どんな遠大な基礎研究でも許可されそうに思えます。

　企業において，自分のやりたい研究テーマの遂行を認めてもらいたいなら，「このようにして会社の役に立ちます」という貢献方法を研究計画として明示することが必須です。一つの研究テーマの遂行には研究機材の購入費はもとより，研究スタッフの人件費もかかりますので，例えば10人のスタッフで10年かかる研究なら，人件費だけでのべ100人分の費用を企業が支出する計算になります。その支出以上の収入が期待できる研究でなければ，研究計画を認められないのは当然です。このように説明すると，「企業利益の保証などできる自信はない。企業での研究は厳し過ぎる」と感じられたかもしれませんが，そこは少し楽観的に考えて欲しいところです。企業利益につながる研究成果の100％保証などできな

くて当然です。うまくいったらもうけもの，いかなかったらゴメンナサイでよいのです。

　企業内ではその研究に要する人と時間と費用が大きいほど，企業利益への貢献方法を明確にし，より上級幹部の許可を得ることが必要になります。その際，研究担当者自身が直接社長クラスまで説明に行くとは限りません。担当者はまず上司の研究室長に説明し，研究室長はほかの研究テーマも含む研究室全体の研究計画を上司の研究部長に説明し，研究部長は研究部全体の研究計画として研究所長に説明し…というようなステップも想定されます。研究担当者はその各ステップを次々に突破可能な説明を用意する必要があります。その説明内容には，もちろん緻密性は必要ですが，ある程度の「はったり」性も必要です。「はったり」と表現すると，だますように聞こえてしまうかもしれませんが，大風呂敷や希望的観測で期待値を大きく見せ，夢を感じさせることは大切です。直属上司から社長まで全員が「はったり臭くもあるが，その夢に賭けてみるか！」という気持ちになってくれれば，リスクやコストの高い挑戦的な研究も許可されるでしょう。

49 研究者・技術者としての倫理と責任
理工系は大きなエネルギーを扱う

　理工系の皆さんは，製造企業で製品の設計製造に関わる可能性が高いと思います。その際は，技術者として細心さと責任感を高く保たなければなりません。例えば航空機の設計や製造では，自分の設計ミスや製造不良が顧客の生死に直結することは想像しやすいと思います。では家電製品なら，多少の設計ミスは許されるでしょうか？　もし回路の抵抗値を1桁計算違いしたり転記ミスしたりすれば，製品は過熱発火を起こし，火災事故につながる可能性もあります。製品の設計製造を担当する技術者には，自分の凡ミスや不注意，課題の先送りやごまかしが重大事故につながる可能性を，常に念頭に置いた細心さと責任感が必要です。

　技術者の行動が社会被害を与える可能性としては，故意的なものから過失的なものまでありえます。製品強度データのねつ造や改ざんが報道されていますが，技術者としてもっとも恥ずべきことです。万一，ねつ造や改ざんを上司に指示された場合，断固拒否する倫理観を持ちたいところです。ねつ造や改ざんにより当面の企業運営が楽になるメリットと，露見時に企業が直面する致命的ダメージを天秤にかけると，ねつ造や改ざんのリスクは余りにも大きいと認識すべきです。安全性試験データの改ざんにより企業倒産に至った例も少なくありません。

　言うまでもなく研究面でも，論文用実験データのねつ造は論外として，不都合なデータの意図的な排除等も厳禁です。ねつ造等が露見した場合，所属組織のダメージとともに，個人としても研究者生命は断たれることになります。

　一方で，設計不良や設計上のケアレスミスによる製品事故は，故意ではないという観点で罪が軽いと考えてよいでしょうか？　設計不良によって事故が発生し，ユーザーに傷害を与えた場合，その責任は重大であると認識すべきです。また，あらゆる場合を想定して設備の安全性を確保することも重要です。100年か1000年に一度の自然災害に対する対策も，当面は大丈夫だろうと想定外にしてはならないのです。

あらゆるユーザー層を想定して，製品事故が起こらないように配慮した設計をすることも技術者の務めです。例えば，幼児が口に入れやすそうな製品形状になっていないか？ 万一飲んで気道に詰まったときのための通気口は確保できているか？ などの配慮が必要です。高齢者が錠剤をパッケージごと飲み込む事故例も報道されていますが，そのような事故を未然に防ぐようなパッケージ設計にも，技術者としては知恵を絞る必要があります。高齢者に開けにくい容器になっていないか？ など，あらゆる世代向けの配慮にも気を配りたいところです。

技術者はフェイルセーフ（Fale safe）という思想を常に意識しておくことが重要です。技術者は誤動作，誤操作（Fale）があっても，安全性が確保され（safe），破局的な事態には至らないような設計をすべきであり，そのような設計はフェイルセーフであると言われます。例えば過熱の可能性がある器具の設計においては，高温で溶ける温度ヒューズつきの回路を用意して発火事故を防ぐことは，基本的なフェイルセーフ設計の典型例です。

理工系技術者は，産業革命以降，蒸気機関に始まり原子力まで，大きなエネルギーを扱う役目を担い続けていることを自覚しなくてはなりません。その大きなエネルギーの扱いを間違えると，重大事故に至る可能性が常にあるのです。また，技術者として高い地位に就くほど，責任範囲のエネルギー総量も大きくなりますので，ますます気を引き締めなければなりません。

技術者が社会に被害や不都合を与えるさまざまなケース

分　類		内　容	具体例
故意 ↕ 過失	秘密保持	他社・他国への技術漏洩	社内ノウハウを売って対価を得る
	品質保証	データの改ざん・ねつ造	強度保証データを自ら改ざん
		問題の隠ぺい	社内での改ざんの隠蔽に加担
		改ざん・ねつ造・隠ぺいの黙認	社内での改ざんを黙認
	設　計	設計不良や転記ミス	熱器具の加熱発火事故
		想定不足	幼児の誤飲事故や挟まれ事故
		配慮不足	高齢者に開けにくい容器

コラム⑨ 人生 20 年説

　人生 20 年説という言葉を聞いたことはありますか？　著名な数学者の森毅先生(故人)が提唱されて，著書[†]の題名にもなっていますが，長い人生をどう生きるべきかの知恵として，ご紹介しておきたいと思います。

　森先生は「人は一生に 4 回生まれ変わる」と書かれています。人生は 20 年ぐらいを節目に，四つの人生を別物として生きるとメリハリがついて具合がよいという考え方です。

　森先生の提言を筆者なりの表現で伝えることをお許しいただくと，四つの人生とは次のようなものです。

- ・　0 〜 20 歳：学生時代(単なる準備期間ではなく一つ目の人生)
- ・20 〜 40 歳：社会人第 1 ラウンド(一つの仕事に腰を据えてみる)
- ・40 〜 60 歳：社会人第 2 ラウンド(仕事を変えてみる。生き方を見直す)
- ・60 〜 80 歳：恩返しラウンド(ボランティア精神で社会貢献。パートナーや自分にも)

　まず注目して欲しいのは，学生時代の約 20 年間を一つ目の人生と捉えていることです。世間では，「学校でいくらお勉強ができても，社会で成功するとは限らない」と言われることもありますが，学生時代を第一の人生と捉えれば，学校で成績優秀だったり，スポーツや音楽で活躍できたりすれば，卒業後の活躍度合いとは独立して，第一の人生の成功者と言えるわけです。学生時代は単なる準備期間や踏み台ではないという考え方です。

　仕事時代の 20 〜 60 歳も終身雇用を前提に 40 年間同じ生き方をするよりは，転職の可能性を含め，途中で一度生まれ直して別の人生を始めた方が，メリハリがついて楽しく生きられそうに思えます。そういえば，筆者自身も会社生活 20 年弱で大学に転職した実例です。60 歳以降も，余生としてではなく，もう 1 ラウンド新たな人生を始める気持ちを持てば，楽しく有意義に生きられそうだと共感するところです。

---

†　森毅『人は一生に四回生まれ変わる』三笠書房，1996

第9章

博士を目指すには？

50 博士号とは何か？
研究者としての保証書

　本書は修士課程への進学の勧めと修士課程の活用法を主題としていますが，博士課程と博士号のことについても考えてみましょう。修士課程を終えた後，さらに研究や勉強を続けたければ，次は博士課程への進学です。あるいは，修士課程を終えていったんは企業に就職し，環境条件が許せば，在職しながら博士号取得にチャレンジすることも可能です。

　博士号は何のために取るのでしょうか？　博士号を持っていると何かよいことがあるでしょうか？　もし大学教授を目指すならば，少なくとも理工系では博士号を持っていることがほぼ必須の資格条件です。では大学教授を目指す場合以外では，博士号取得にはどんなメリットがあるのでしょうか？

　もっとも分かりやすいメリットは，自分の名刺に「博士」と記載できることです。初対面の人も，敬意を持って一段と丁寧に接してくれることが期待できます。筆者も名刺交換の際，「博士」と記載があると，「それなりの研究実績のある人なのだな」と一段高い敬意を持って接する気持ちになります。実は欧米ではこの傾向はさらに顕著です。欧米で研究者と交流する際に，博士号がないばかりに対等に扱ってもらえず悔しい思いをし，博士号を取る決意をしたという話はよく耳にします。

　もう一つの大きなメリットは，自分に自信がつくことです。博士号は，自分を支えるバックボーンとなり，国内外問わずどんな相手とも臆せずに渡り合える自信の源になるでしょう。例えば商談の相手が役職的に高いポジションにあっても「自分も一応博士だし…」と思えば，堂々と渡り合えると思います。

　在職中に博士号を取得すると，急に給料が増えたり昇進したりするのでしょうか？　勤め先にもよりますが，あまり期待しない方がよさそうです。一般的には，博士号の有無により制度的に給与や地位が変わることは多くないようです。ただし，博士号取得の過程で身につけた実力や自信や粘り強さが仕事に反映されるこ

とにより，結果的に博士号取得者の昇進が早い実態はあるかもしれません。また転職の際には，保証つきの人材としてアピールでき，転職先での高いポストや給与が期待できそうです。

　そもそも博士とは何でしょう？　博士とは「自ら研究を企画遂行し研究成果を論文にまとめて発信する能力を有すると，大学から公式に認定された者」と言うことができると思います。大学側はそのような能力の認定条件として，定められた本数の査読つき論文の掲載実績や，論文審査会における研究成果発表を求めているわけです。「自ら研究を企画遂行し研究成果を論文にまとめて発信する能力」は，自立した研究者として当然持っていなければならない基本能力です。博士課程に進学し博士号を取得して社会に出れば，すぐに一人前の研究者としての働きを期待されることになります。一方，社会人として研究実績を積んだ後に博士号を取得する場合は，十分な研究能力を保有していることを，改めて公式に認定されるわけです。

　博士号がこのように研究能力の認定証に相当することを考えれば，博士がそれなりの敬意を持って接してもらえることが納得できると思います。その分，博士号取得は楽な仕事ではなく，取得まではかなりの継続的な努力が必要とされます。

51 博士号の取得方法
課程博士と論文博士

博士号の取得方法として，我が国では課程博士と論文博士の二種類があり，その価値に優劣はありません。課程博士か論文博士かを名刺に記載する習慣はなく，経歴を聞いて初めて分かります。それぞれの取得方法を解説しましょう。

1）課程博士

博士課程に原則3年間在学の上，大学の定める一定数以上（通常1～2件程度）の査読つき投稿論文を書き，博士論文を作成し，学内審査で認められると博士号が授与されます。

3年間在学すれば自動的に博士号がもらえるわけではありません。論文投稿が思うように進まない場合，学内審査の期限に間に合わず，4年目でやっと取得という例もよくあります。逆に，論文件数を規定より多く，かつ早期に確保できれば，2年程度で取得できる場合もあります。

社会人の博士課程入学，すなわち企業等で働いた後に博士課程に入学するケースも多くあります。所属先の業務を続けながら博士課程に在学する場合，集中講義の受講による単位取得などの方法を使えば，登校頻度を減らすことは可能で（例えば月に1度とか），必ずしも毎日大学に通う必要はありません。所属する会社からの許可または指示により，実質的に休職状態で大学にフルタイム通学するケースもあるようです。もちろん，会社を退職して博士課程に入学してもよいのですが，博士号取得後の人生設計をよく考えておく必要があります。

2）論文博士

社会人として在職中に査読つき投稿論文の掲載実績を積み上げ，任意の大学の教授等に指導をお願いして博士論文をまとめ，その大学の学内審査で認められると博士号が授与されます。指導は，出身研究室の先生にお願いするのがもっとも一般的ですが，自分の研究分野と専門が近い大学教授を新たに探してお願いする場合もあります。大学時代の研究分野と就職後の専門分野が大きく異なる場合は，出身研究

室の先生以外に指導をお願いする場合が多くなります。この場合，とりあえず出身研究室の先生に相談に行けば，その先生ご自身が指導を引き受けるか，ほかの適切な先生を紹介するか，自分自身で見つけるべきか，いずれかの判断やアドバイスをしてもらえると思います。先生にとって，研究室の卒業生が博士号を取得することはうれしく誇らしいことですので，何かと支援してくださるでしょう。

　課程博士と論文博士とのどちらを狙うべきかについては，博士号を必ず取得したいならば，より確実な方法として修士課程の修了に引き続いて博士課程に入学し，課程博士を取得する道をお勧めします。社会人として勤めながら査読つき論文の必要数を書きそろえる論文博士コースは，勤務先の環境にもより，可能性が不確実です。業務と両立させる厳しい挑戦期間を過ごす覚悟も必要になります。社会人の博士号取得方法については 52 節で述べますが，楽な道のりではありません。また，論文博士は日本独特の制度として見直し機運もあり，制度の存続は確実ではありません。

　ところで，博士取得には修士課程を修了ずみが前提と思われがちですが，修士課程を修了していることは実は必須ではありません。学部 4 年生が修士課程を飛ばして博士課程に入学はできませんが，社会人の場合は，実務経験を考慮して博士課程への入学を学士にも認める場合もあると，文部科学省から告示されています。論文博士の場合も，修士号の有無にかかわらず，必要な論文数をそろえ，学内審査で認められれば博士号が授与されます。ただし，実際には修士課程で研究手法や論文執筆方法について経験を積んでないと，博士課程入学後にすぐ論文を書くのは厳しいでしょうし，論文博士を目指し在職中に必要な論文数をそろえるのは難易度が高いと思われます。皆さんが修士課程で研究経験を積むことは，博士号取得に対しても確実な正攻法ですので，修士課程の修了意義を疑う余地はありません。

課程博士と論文博士の比較

比較項目	課程博士	論文博士
博士課程への在籍	必要（標準 3 年）	不要
必要論文数	1 ～ 2 本	3 ～ 4 本程度
指導教員	在学先の教員	任意の大学の教員

52 社会人として博士号取得を目指すには?
研究成果をこまめに論文化

一般的に言えば，修士課程を出て企業に就職した人の中で，のちに博士号を取得する人の比率は高くはありませんが，本人の意志次第です。

社会人にとって博士号取得は楽な道のりではありませんが，困難を乗り越えて取得に至るためのポイントをあげてみます（論文博士を狙う場合）。

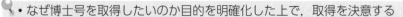

- なぜ博士号を取得したいのか目的を明確化した上で，取得を決意する
- 研究成果はこまめに論文化する
- 発表や聴講など学会参加を増やす（指導教員との出会いのチャンスでもある）
- 「この先生に指導をお願いしたい」と思ったら，「早過ぎるかも」（論文数が不足）と思うタイミングで相談に行く（論文件数が不足なら，どんな論文を何編書けばよいかアドバイスが期待できる）
- 会社業務と博士論文の執筆の両立は楽ではないことを認識し，覚悟を決める（執筆は1年がかりの仕事になることも多い）
- 職場，上司の理解を得ておく
- 同じ会社や近い業種で在職中に取得した先輩の経験を教えてもらう

上記の実例として，筆者は学会発表を機にお近づきになれた研究分野の近い教授にお願いに行き，論文博士の指導を引き受けていただきました。大学の専攻は機械工学だったのですが，就職後は電気分野の研究を進めていたので，出身研究室以外の先生にお願いしました。論文数がまだ不足の段階でお願いに行ったのですが，論文の必要件数とタイミングを明示いただき，先生の任期との関係で「当年度内に予備審査完了のペースで進められるなら引き受けましょう」と言われて，大急ぎで博士論文の執筆を始めた経緯があります。

また筆者は職場の先輩（論文博士取得者）から，「指導教員がこの人を指導して博士号を取得させようと決心した時点で，取得の目途はほぼついたと思ってよい」と言われたのを覚えています。そのときはピンと来ませんでしたが，実際に

取得過程を振り返ってみると，確かにそうだったかもしれません。今になって大学教員の立場で考えてみると，博士号取得の指導を引き受けようと思うのは，博士号取得の見込みが十分にあり，自分も指導の手間を惜しまない覚悟をした場合ですので，確かに当たっています。

　博士号取得の意欲を持つ社会人への支援活動を進める NPO（非営利法人）[†] もあり，その参加者からは博士号の取得者が着実に生まれています。このような場で社会人博士号取得者との交流機会を持ち，取得を目指す同志を得れば，取得意欲を高めつつ，効率的に博士を目指せると期待できます。

　一方で，もし所属先や家庭の事情が許せば，社会人として博士課程に入学し，勤務先での業務内容とは別に大学で研究と論文投稿を進め，3 年がかりで博士号を取得する課程博士コースを選ぶ判断もありえます。ただし，会社を休職状態にできるのでなければ，3 年間は社会人と学生の 2 人分を 1 人でこなすことになりますので，環境条件と覚悟とをよく確認した上での決断になると思います。

†　例えば，特定非営利法人 M2M・IoT 研究会
　　https://www.m2msg.org/，2021 年 3 月 1 日現在

53 博士は就職難か？
企業への就職も選択肢の一つ

　世の中では，博士課程で博士号を取得したあとの就職の厳しさを強調するような風潮も見受けられます。ここで博士の就職事情について冷静に整理しておきたいと思います。

　博士の就職は次の2種類に大きく分類できます。

1) 大学や国の研究機関等での研究職ポストを探すコース

2) 一般企業に就職するコース

　どちらを選ぶかは，各自の人生設計によります。ゆくゆくは大学教授を目指すならば，1) のコースを選択するのが一般的だと思いますが，山あり谷ありのコースかもしれません。博士課程を出てすぐに大学教員としての固定ポストが得られるチャンスは多くないので，公的研究機関や大学の任期（通常3〜5年程度）つきの研究職ポストを探して就職する場合が多いようです。その任期中に大学教員の固定ポストに応募して採用が決まればよいのですが，そうでなければ，また次の任期つきポスト探しということになります。このような職探しの繰り返しとなりがちな側面が，博士の就職の厳しさとして指摘されるのだと思います。

　一方で，もし大学教授を必ずしも目指さないなら，学士や修士と同様に2) の一般企業コースを選択してよいわけです。博士を採用するのは一般的に大企業で，主に研究開発部門での活躍を期待されるでしょう。博士を求める求人枠は，修士や学士に対する求人枠と比べるとはるかに少数ですが，新卒の博士で一般企業への就職を狙う人も少数なので，結果的には学士や修士よりも売り手市場が期待できそうです。

　博士は，職業として研究を続けたいと希望している人が大半と思いますが，それなら一般企業の研究開発部門も選択肢の一つです。博士を採用するような大手企業の研究開発部門は予算や設備に恵まれていることが多く，研究環境は大学以上と期待できます。

また，企業人として 10 年か 20 年を過ごしたあとに大学に転職というコースもありえます。年齢や研究実績に応じて，准教授や教授の固定ポストも得られるので，任期つきポストを渡り歩く期間をスキップできるメリットもあります。ただし，大学からの求人にはかなり多くの応募が集まるのが通例です。競争率は極めて高く，いろいろな大学に何度も応募してやっと採用に至るような厳しさを覚悟する必要はあります。例えば筆者は修士で企業に就職しましたが，学会で親しくさせていただいていた大学教授からのお誘いを受け，大学の助教授職を得ることができました。17 年間の企業勤務を経て大学へ転職という実例です。

　企業において博士の活躍する場は豊富にありますし，企業で活躍を続けるのも悪くありません。博士号取得後の進路を広く考え，2) の一般企業コースも含めて守備範囲と考えるならば，博士の就職環境は世間で言われるほど厳しくないのではないかと思います。

54 大学卒業後の人生設計
2ラウンド制で考える

　大学内で周りを見渡してみると，各先生の経歴は実にさまざまです。博士課程を出てすぐ出身大学の助手ポストを得て，徐々に昇格して教授職に至っている人もいれば，複数の任期つきポストを経た人もいます。企業在職中に博士号を取得し，准教授や教授として大学に転職してきた人も少なくありません。企業の研究開発部門には，次の職場として大学を考えている人が結構多いようです。

　実は大学組織としても，多様な経歴を持つさまざまな人材をそろえていることは，教育面でも研究面でもメリットがあると考えられます。例えば企業経験のある教員は，企業での経験と人脈を生かした教育や産学共同研究に強みを発揮することが期待されます。さまざまな任期つきポストを経験してきた教員は，博士号取得予定の学生に対し卒業後の進路について，親身になって実践的なアドバイスができるでしょう。

　博士課程を出て大学教員をしばらく経験した後，企業に転職というパターンもあり，実際に筆者の学会仲間にも実例があります。大学で研究と教育の仕事を続けていると，次は企業でのモノ作りにも挑戦してみたくなるそうです。

　博士に限らず，大学卒業後の道筋を典型的にパターン化してみると，図のように大学一筋，企業一筋，企業→大学，大学→企業の4パターンに整理されます（大学と企業を行き来する複合パターンもあります）。学士や修士で卒業し企業に就職した場合，その後大学教員となるためには企業在職中に博士号取得が必要になります。一方，博士として企業に就職した場合は，大学への転職はポストさえ見つかれば，いつでも可能性があります。大学教員として，企業経験もあることには，ビジネス感覚，企業人脈等々，大学一筋では獲得の難しい経験や人脈を持てるメリットがあります。このように整理してみると，大学一筋だけが博士の人生設計とは限らないのは言うまでもありません。

　大学卒業後の在職期間は，一般的な定年までは40年程度になります。40年

は結構長いので，20 年 × 2 回のつもりで 2 ラウンドの人生設計が可能と考えると「1 ラウンド目はまず何をしようか？」と少し柔軟で気楽な考え方もできるのではないでしょうか。これはコラム 9 で紹介した「人生 20 年説」の考え方に沿うものでもあります。

　ちなみに，企業において，大学や他企業への転職におあつらえ向きの区切りのよいタイミングがあるとは期待しない方がよいと思います。例えば入社 20 年の40 歳代は企業でも働き盛りとしてプロジェクトのリーダーを任されていそうな時期です。自分がいなくなったら会社はガタガタになる，と責任感から転職をためらっているとチャンスを失ってしまうかもしれません。日頃から跡継ぎのサブリーダー人材を育てておくことが肝要ですが，いざとなったらエイヤっと抜けてしまう思い切りも必要と思います。自分を会社に不可欠なキーパーソンと思っていても，実は自分抜きでも会社組織は意外に回っていくものです。

　また，企業から大学，大学から企業への転職に際しては，一般公募に応募することもできますが，人脈を頼った紹介によりチャンスを得た場合の方が，高い採用確率を期待できそうです。そのような人脈は，専門分野の学会に出入りしているうちに自然と生まれやすいものです。学会発表や聴講をこまめに行うのはもちろん，学会の委員を積極的に引き受けることも人脈形成の大きなプラスになると思います。

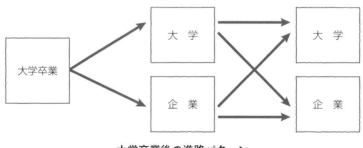

大学卒業後の進路パターン

楽しい社会人生活の送り方

　筆者の研究室では，卒業前の最後のミーティングで，社会で生きていく上での道しるべとして欲しいアドバイスを下記のようにまとめて学生に伝えています。これらは最初ピンとこなくても，社会に出てしばらくすると，じわじわ実感するそうです。参考にしてみてください。

社会人生活のためのアドバイス

● **仕事は自分で面白くする**

　（やらされる仕事でなく，やる仕事。人のせいにしない）

● **よい部下によい上司**

　（上司も人間，かわいい部下がよい上司を育てる）

● **"ホウ・レン・ソウ" は社会人の基本**

　（早めの「報告・連絡・相談」の効果は絶大）

● **課題を一人で抱え込まない**

　（上司・同僚を巻き込む。悪い話ほど早く報告する）

● **飛び降りる前に会社を辞めよう**

　（生きてさえいれば何とかなる。太陽は明日も昇る。ただしできれば３年ぐらいは同じ会社で粘ってみよう）

● **メリハリをきかす**

　（ここぞというチャンスやピンチには全力投球。雌伏の時期もある）

● **自分に自信を持つ。自分の可能性を大きめに見積もる**

　（意欲や志が高ければ道は開ける。自分の可能性は広がっていく）

● **技術者として人間としてモラル・倫理観を持つ**

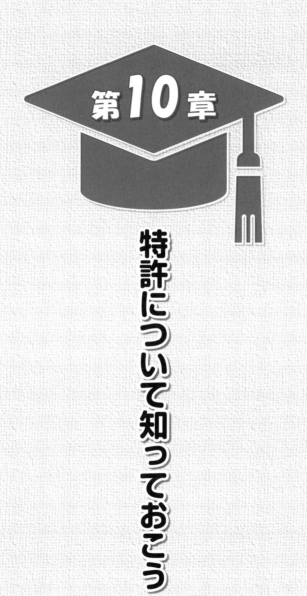

第10章

特許について知っておこう

55 特許を書く意義
せっかくのアイデアをまねされないために

　学生の皆さんは，特許にはなじみが薄いと思いますが，特許の意義や書き方を知っておくことは損にならないと思います。卒業研究でも修士の研究でも，もし新しい発想やアイデアがそこに含まれているなら，特許出願できる可能性があるのです。最近では，大学内でも学生の特許出願を奨励し，優れた特許を出願した学生を表彰する制度も見られます。

　そもそも特許の制度は何のためにあるのでしょうか？　「もし特許制度がなかったら？」と考えてみると特許の意義がよく分かります。特許制度がなかったら，世の中のアイデアや開発成果はまねし放題です。ビジネスで儲けようと思ったら，自前の発明や開発の努力はやめて，他社の製品に盛り込まれた発明アイデアをまねて寄せ集めた製品を作るのがよさそうです。開発コストを節約できる分安く製品を販売できるので，発明した会社よりも有利になるでしょう。そうなると，発明や開発の意欲は減退し，技術進歩は止まってしまいます。そうならないように特許制度が用意され，発明者の権利が守られています。発明者は発明を特許として出願し，公的に登録認定を受けるわけです。特許として登録された発明を使用するには，特許の権利者から使用許諾を受け，相応の対価を払うことが必要です。別の側面から見ると，特許制度は公開された発明を（権利者の許諾を得て）利用する機会を第三者に対して与えるものですので，産業全体の健全な発達に寄与する役割も果たしています。

　特許の出願にはそれなりの時間とコストがかかるので，優れた発明をしながら，つい特許出願を怠るのはありがちなことです。しかし製造企業にとっては権利化を怠ってライバル会社に模倣製品を出されたら，ビジネス上の大損失になる危険があります。各社の開発担当者は，小さなアイデアでも特許出願するように日頃から督励され，一定期間ごとの出願件数をノルマとされる例も少なくありません。

　大学は製品販売で稼ぐ機関ではないので，発明の権利化の切実さは企業ほどではありません。それでも，優れた発明は特許により権利化しておけば，企業が大学に使用許諾を求め，対価を払ってくれる可能性がありますし，企業と大学間の共同研究に発展する期待もあります。特許出願は，もちろん発明者の業績にもなります。

　学生の皆さんにこっそり耳打ちしておきたい話があります。在学中に特許出願に寄与した経験を持っていると，就職活動の際の武器として期待できます。学会発表や論文投稿は修士としては珍しくありませんが，特許出願経験のある学生は少ないのです。面接の際に出願経験をアピールすれば，印象は高まるに違いありません。特許出願までのごく一部を分担した程度でもよいのです。あるいは，その企業の特許制度について面接の際に質問してみるのもよいと思います。「御社では社員の出願特許が売り上げに貢献した場合の，発明者への報奨制度は充実していますでしょうか？」とでも質問すれば，「この学生は，採用しておけば会社に貢献する特許を書いてくれるかも」と好印象を残せるかもしれません。ただしそのためには特許の最低限の基礎知識は持っておかないと，逆効果になるおそれもあります。

　理工系の学生は開発部門に配属になれば，特許出願も重要な業務になる可能性が高いので，今のうちに出願を経験しておければ理想的です。特許の制度や書き方についての詳しい指南書は豊富ですので，本章は，全体像を示す要約として，読んでいただくとよいと思います。

おっ！

御社の特許報奨制度は？

56 特許出願とは？

早い者勝ちの世界

　特許についての教訓として「自分が何かアイデアを思いついたら，同じアイデアを思いついた人が世界中に現在 3 人いると思え」と言われることがあります。特許は基本的に早い者勝ちですので，1 日でも早く出願手続きをすませた人の権利になります。数日遅れでライバル企業に先を越された話は珍しくありません。自分が思いついたアイデアも，ほかの人が先に出願をすませ権利化してしまったら，その権利者からの許可を得て対価を支払わないと使えなくなります。ともかく思いついたらできるだけ早く出願するのが鉄則です。

　ところで，どの程度の発明が特許にできるのでしょう？　大学と企業とでは事情が違いますが，企業では小さなアイデアでもとりあえず権利化するのが基本です。当たり前過ぎると思われるアイデアほど，もしライバル企業に権利化されてしまうと，にっちもさっちも行かない縛りになるおそれもあるからです。つまり，特許出願に値するアイデアとしては，かなり小さな思いつきでも OK なのです。

　多くの大学では知的財産部門（以下では知財部門と略）があり，そこで出願の可否についてある程度のハードルを設けているのが通例です。1 件の特許出願に要する諸費用は，弁理士に書類作成や出願手続きを依頼する費用も含め数十万円以上となるのが通例ですので，出願によるメリットが出願費用に見合うかどうかが判断基準となります。大学としては，その特許の新規性や実用性を推定しながら，使用許諾を求めてくる企業がありそうか，特許使用料収入がどの程度見込めそうかという期待値を見積もるわけです。しかし，そのハードルにひるんではいけません。よいアイデアを思いついたときは，知財部門に発明の新規性や応用の見通しについて，誇張気味にでもよく説明して，出願を認めてもらいましょう。

　ところで，特許の出願書類には出願人と発明者を記載することになります。発明者として，複数の氏名を書けますので，発明に貢献した人の名前を列挙します。一方で発明者とは別に，特許出願人としては，所属機関名（大学名や会社名等）

を記載することになるのが通例です。大学や企業に属している者はその職務の一環として行った発明に関して，特許出願人となる権利を所属機関に譲渡するのが一般的だからです。その特許が成立し，使用を希望する第三者から使用料が得られることになった場合は，出願人すなわち所属機関の収入となります。大学が特許出願の費用を負担してくれるのは，その特許が成立した後，大学に使用料等の収入が期待できるからです。発明者には直接収入がないのですが，所属機関が発明者に対して相応の報奨金を払ってくれるはずです。

　さて，特許を書いて出願するのは大変な作業でしょうか？　少し慣れれば，学会発表や投稿用の論文書きよりは手間がかからないと思います。出願書類の作成と出願手続きには専門の弁理士の助けを借りるのが普通です。その際，書類仕上げ作業部分からの依頼もできますが，アイデアの骨子を弁理士に伝え，書類作成作業のほとんどを弁理士にお願いすることもできるのです。「これは発明かも？」と思ったら，とりあえずそのアイデアを大学の知財部門に持ち込んで相談するのがお勧めです。知財部門で発明の価値を認めてもらえたら，弁理士に取り次ぎをお願いし，弁理士のリードで出願書類作成が一気に進むことも期待できます。大学としての出願が認められれば，弁理士費用は出願費用として大学が負担してくれるでしょう。

　ちなみに特許制度は各国固有ですので，特許庁に出願した発明が特許として成立しても，その権利が及ぶのは日本国内だけです。もし米国でも権利を確保したいなら，米国にも出願する必要があります。欧州に対しては欧州特許庁（EPO）への出願により，欧州の多くの国で権利が確保できます。重要発明については全世界で権利を確保したいところですが，各国に個々に出願していると出願時期が遅れてしまいます。これを解決する制度として PCT 国際出願制度があります。PCT とは Patent Corporation Treaty（国際特許条約）の略で，国際特許条約に基づいて一つの出願願書を提出すると，出願日に関しては PCT 加盟国のすべてに同時に出願したのと同じ効果が得られます。ただし，各加盟国での特許取得のためには，各国で審査を受けて認められなければなりません。権利を確保したいPCT 加盟国を選んで，その国が認める言語に翻訳した出願書類を期限内にその国の特許庁に提出する必要があります。

57 特許の書き方と出願方法

物の発明？　方法の発明？

特許庁に国内出願する場合の特許の書き方の概略を紹介しましょう。特許出願の際には特許明細書に，次のような内容を図面も用いて記述します。

- 特許請求の範囲（どのような技術範囲を権利として主張するか）
- 出願背景（従来技術にどのような課題があったか）
- 発明の目的（従来の課題をどのように解決するか）
- 実施形態（具体的にどのような構成によって発明内容を実施するか）

これらの内容を備える明細書の書き方として，次の二つのスタイルがあります。

- 物の発明（装置類の発明として「…を特徴とする…装置」のように書く）
- 方法の発明（方法の発明として「…を特徴とする…方法」のように書く）

「方法の発明」の方が，権利範囲は広く取れそうですが，「物の発明」として書いた方が特許として認められやすいと言われています。特許庁の審査により特許として認められるためには実施形態の具体性が求められますので，実施形態が「物」として具体的に記述できている方が審査を通りやすいからです。

発明内容によって「物の発明」と「方法の発明」に自然に分かれそうにも思えますが，「方法の発明」と思われるアイデアでも，多くの場合はその方法を実現する装置として「物の発明」として書くことが可能です。「方法の発明」として書くと権利化の守備範囲は広くなりがちで，権利範囲が広いと審査は厳しくなるいという事情もあります。ただし，強力な基本発明なら，あえて「方法の発明」として広い権利範囲を狙うべき場合もあります。弁理士に相談すれば，このような点に関してもアドバイスを受けられます。

さて特許の出願だけでは，特許の権利化はできません。審査請求という手続きを別途行うことにより，発明内容が特許庁での審査対象となり，審査（実体審査と呼ばれる）により特許性が認められれば，特許の権利化まで，あと一歩です。特許出願と審査請求は独立の手続きです。その手続きの方針として次の三つの選

択肢があります。

1) 出願と同時に審査請求する。

2) 出願から3年以内の任意の時期に審査請求する。

3) 審査請求しない。

審査請求は出願から3年以内と決められていますので，出願と同時に審査請求するのはよほど権利化を急ぎたい場合の選択肢です。出願後に特許明細書の内容に補足修正を行いたい場合，審査請求までの間または審査請求と同時に補正手続きを行うことが認められています。出願と同時に審査請求すると，補正を認められる最大3年間の猶予期間を活用しないことになりますので，出願と審査請求とは同時にしないのが，通常は得策です。

権利を得るために特許出願をするはずなのに，審査請求しないという選択肢3)は不思議に思われるかもしれませんが，実は企業ではよく使う防衛出願のための選択肢です。当たり前過ぎるアイデアだからと特許出願をしないと，そのアイデアをライバル会社が出願し，その当たり前のアイデアを自由に使えなくなる危険があります。そのような事態を避けるために，とりあえず出願だけして審査請求はしない防衛出願の戦略がよく使われます。小さなアイデアについても，特許出願だけはしておくと，その発明に対する先行発明者としての位置づけは公式に確保されます。するとライバル企業が同じアイデアを特許出願したとしても，特許庁で審査されれば，先行発明ありとして権利化を拒絶されるので，企業としては安心なわけです。

ところで特許の出願から1年6か月後には，特許庁の発行する特許公開公報に出願書類の全文が公開されます。逆に言えば，出願から1年半の間は出願内容が特許庁内で秘密として保たれます。すなわち，発明者は出願から1年半の間は，未公開の発明アイデアを他人に教えたり自慢したりすべきではありません。

なお特許の出願があると，特許庁では方式審査と呼ばれる出願書類の様式の確認を行い，不備があると補正指令を出します。これに対し出願人側から手続補正書を提出し，不備解消が認められないと出願は却下されますので要注意です。

58 特許出願後の手続き
審査請求すると拒絶理由通知書が必ず来る

　審査請求をすませたら，特許庁からの審査結果待ちになります。例えば2019年度の特許申請の審査待ち期間は平均9.5か月だったそうです。審査結果は忘れたころにやってくるわけです。楽しみにしていた審査結果には，ほとんどの場合，拒絶理由通知書と書かれているはずですが，落胆の必要はありません。どんな大発明に対しても，拒絶理由通知書は必ず来ると思ってください。特許庁は出願に対して，一発OKはしない基本方針のようで，何らかの理由を見つけて拒絶理由通知を送ってきます。発明者はこれに対し意見書を提出し，反論が認められると特許査定となり，登録料の納付によって特許が登録され特許権が発生します。反論が認められなければ拒絶査定通知が発明者に送られ，特許は不成立になります。

　出願特許の命運は，説得力のある反論が意見書に書けるかどうかで決まります。意見書を提出する際には，特許の出願文書（明細書）に補正を加え，特許の権利化主張範囲を当初の出願時よりも多少とも絞って狭く書き直すのがお勧めです。そして，権利範囲の削減を反論趣旨に取り入れておきましょう。特許庁の審査官による拒絶理由をまともに論破して勝つのは難しいので，審査官の主張を一部認め，権利化範囲も絞った上で，発明の正当性を主張した方が審査官の心証もよく，拒絶査定になりにくいと期待できます。

　拒絶査定となった場合も，防衛出願としての位置づけは残り，骨折り損にはならないので，特許出願はしておいて損にはなりません。また，拒絶査定に納得できない場合は拒絶査定不服審判の請求という制度もあります。

　ちなみに，特許として登録され特許権が発生した後も，特許は取り消される可能性があります。登録された特許を公開する特許掲載公報の発行日から6か月以内に限り，だれでも特許の取り消しを求めることができる特許異議申立制度があるからです。特許異議申立書が特許庁に提出され，特許庁の審理により特許の取り消しが妥当と判断された場合は，取り消し理由が出願者側に通知され，意見

書の提出と特許請求の範囲等の訂正の機会が，期限つきで出願者に与えられます。出願者からの意見書と訂正内容は特許庁で再審理され，特許の取り消しか否かが決定されます。

　以上，出願後の手続きを考えると気が遠くなりそうですが，まずは出願しないことには何も始まりません。出願さえしてしまえば，後は決まった手順に沿って対応するだけです。実は，発明者が卒業後の各種対応は，指導教員や大学の知財部の仕事になりますので，学生の皆さんは，あまり心配しなくてよいのです。

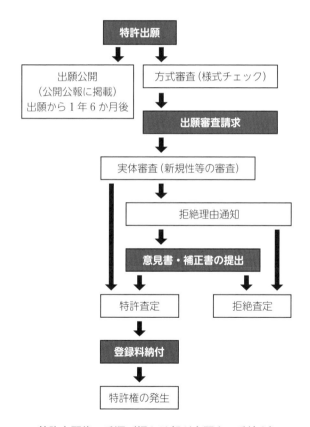

特許出願後の手順（網かけ部が出願人の手続き）

59 特許成立のための条件は？
新しい発明と見なされるか？

　さて，特許の審査請求をすると，拒絶理由通知書が必ず来ると 58 節で説明しましたが，その拒絶理由には分類があります。その分類についての説明と対処方法を下記に示します。

1）先願あり

　すでに同種の発明について先に出願されたもの（先願）がある場合です。そのものズバリの同じ発明の先願があればあきらめざるを得ません。でも，逆に先願とそっくりそのままということも少ないので，「本発明は○○の点が先行出願とは異なっており，別の発明と十分言える発明内容を備えています」という趣旨の反論を意見書に書いて，発明の独自性を主張するのが通例です。

2）新規性欠如

　発明として出願された内容はすでに世の中に知られている技術で，その証拠として，だれでも入手可能な文献資料等に掲載されているか，市販製品等に使用されている場合です。これも拒絶理由通知書に対して，「本発明は公知の技術と一見似ていても，○○の点は公知ではないので，本発明は明らかな新規性を備えています」という反論趣旨を意見書に書いて提出することになります。

3）進歩性欠如

　公知の技術より容易に類推可能と考えられる場合です。「類推が容易ではない」ことを意見書に書いて反論することになります。従来技術 A と B を二つ組み合わせて単に（A＋B）にしただけでは特許性はなく，結果的に C という新しい効果が生まれたならば特許性があると判断されます。その発明が単なる（A＋B）なのか新効果 C をもたらすものなのかは線引きが難しいところです。その線引きをめぐっては，簡単には引き下がらずしっかり反論すべきです。

4）明確性欠如

　発明の範囲が明確に記載されていないと見なされる場合です。発明内容を特定

するための記載内容に不足や不備がある状態では，拒絶対象になるのは当然です。この場合は明細書中の不足や不備を修正する補正手続きを行い，発明の範囲を明確化する対処を行えばよいわけです。

　拒絶理由通知書に対する発明者からの意見書および明細書の補正内容を特許庁が審査し，拒絶の理由が解消されたと判断すると特許査定となり，所定の登録料を支払うことにより特許は登録されて，めでたく特許権が発生します。ただし58節でも述べたように，登録された特許が特許掲載公報により公開されてから6か月間は，特許異議申立制度により第三者から特許の取り消しを求められる可能性が残っています。異議の理由としては，やはり新規性，進歩性，明確性の欠如が改めて指摘されることになります。特許庁がその指摘内容の正当性を認めた場合は，特許は取り消しとなります。企業間ではライバル社から出願された特許には目を光らせていて，自社の事業に影響しそうな特許が公報に掲載されたのを見つけると，異議申し立ての理由探しを始めます。特許成立により企業活動に実害を受けそうな場合，各企業の知的財産部門が必死であら探しや証拠探しをしますので，特許庁の審査官以上の厳しい指摘が来ることを覚悟しなくてはなりません。競争分野における企業間では，特許をめぐってこのような攻防を日々繰り広げているのが実態です。

特許庁からの主な拒絶理由の分類

① 先願あり　　：先行出願あり
② 新規性欠如：公知の技術である
③ 進歩性欠如：公知の技術より容易に類推可能
④ 明確性欠如：発明の範囲が不明確

進歩性判定の考え方

（従来方法 A＋従来方法 B）＝（A＋B）　　→　　特許性なし

（従来方法 A＋従来方法 B）＝新効果 C　　→　　特許性あり

139

60 特許の落とし穴に注意
出願前に学会発表は NG

　特許出願に関する注意点として，特に気をつけたい点を二つ紹介しておきます。

1）出願前に学会発表すると特許は取れない

　一般に入手可能な文書類に掲載ずみのアイデアは，公知の技術と見なされて特許拒絶対象になることを 59 節で説明しました。この点について，特に気をつけるべき注意事項があります。自分自身が発表予稿や投稿論文として発表した文書についても，そこに記述したアイデアは公知技術と見なされ，自分自身も特許を取れなくなるのが原則です。予稿等の公開日が特許出願日より前だとダメということです。厳し過ぎると感じられるかもしれませんが，これに対しては救済措置として例外規定（特許法第 30 条）があります。あらかじめ認定された学会等における報告については，発表・公開から 1 年以内の特許出願に限り，公知技術扱いを免除されるのです。ただし，手続きが煩雑で制約事項も厳しいので，この例外規定に頼るのは最後の手段です。企業では，この規定を使用すると始末書を書かされるそうです。発明は，先に特許出願，次に学会発表という順序を踏むことが鉄則です。

2）特許請求の範囲の記述は慎重かつ大胆に

　特許の権利範囲を規定するのが出願書類中の特許請求の範囲という項目で，物の発明の場合，ここには「○○を○○したことを特長とする○○装置」と書くのが通例です。請求の範囲の書き方により，発明の保護力が左右されます。特許請求の範囲は慎重に書かないと，権利保護力のない，いわゆるザル特許になってしまいます。

　ありがちな失敗はこの請求範囲を限定し過ぎることです。例えば，発明アイデアを盛り込んだ装置を自作して狙いどおりの効果が確認できたとします。その自作装置の構成のみを発明の実施方法として明細書に書き，特許請求の範囲にもその実施方法のみを守備範囲として記述すると，見事なザル特許の完成です。自分

が実際に試した実施方法以外にも自分のアイデアを生かす実施方法がある方が普通ですので，ほかの実施方法を網羅的に考えておくことが必要です。一つ二つではなくできるだけ多くの方法を考え，第二，第三…の実施方法として明細書中に記述しましょう。そして請求の範囲もそのあらゆる実施方法を権利範囲として含むように書くのです。

　自分が実際に試した実施条件は，少し変えても発明の効果が保てるのではないかと常に拡張を考えることも重要です。例えば 100 V が発明の実施に最適な駆動電圧だったとして，実は 50～200 V の範囲なら発明の効果が一応出るのであれば，使用可能な広い電圧範囲を実施方法として記述し，請求の範囲として含む書き方をすべきです。さもないと，権利範囲の狭い抜け道だらけの特許になってしまいます。

　特許請求の範囲は，何項目かに分けて書くのが一般的です。第 1 項には，まず思い切り大風呂敷を広げて，あらゆる実施方法をすべて含むような欲張りな請求範囲を記述し，第 2 項以降に，さまざまな実施方法を具体的に書いた請求範囲を何項目も並べて書くのがお勧めです。大風呂敷の第 1 項の請求範囲のまま，特許庁の審査を通ることを期待する必要は必ずしもありません。拒絶理由通知書を受けとってそのままの請求範囲では認められそうもないときに，欲張り過ぎの請求項は削除する補正を行った上で，拒絶理由通知書に対する意見書を提出すると審査を通りやすくなるので，「削りしろ」のつもりで書いておけばよいのです。

　企業においては，特許請求の範囲にもれがあると，特許に抵触しない製品を他社に発売され，市場を奪われたりしますので，特許請求の範囲は何項目も列挙して，しつこいぐらい網羅的に書いてあるのが通例です。ちなみに，ノーベル賞級の研究者がその大発明で必ずしも億万長者になっていないのは，大発明の特許を出してはあったが，抜け道の多い特許だったという実情もよくあるようです。

　なお，特許の制度はしばしば改正されますので，要注意です。例えばここで紹介した例外規定（特許法第 30 条）も，「発表・公開から 1 年以内の特許出願に限り」となったのは，2018 年の改正以降であり，それ以前は 1 年以内ではなく6 か月以内と規定されていました。

コラム 11 特許潰しの伝説？

　リング状の蛍光灯は家庭でもおなじみですが，その特許については伝説的な逸話があります。特許庁での審査を通過した特許に対して，一定の期限内にはだれでも「特許異議申立」を行えることになっています。蛍光灯をリング状にするアイデアを，ある個人発明家が出願し，審査で認められたことが分かったとき，リング状蛍光管の製造企業が大慌てで異議申立を行ったそうです。もしその特許が効力を発揮すると，販売個数に比例した巨額の特許使用料を出願人に払うことになるからです。異議申立により特許潰しをするためには，例えばそのアイデアが公知であることを証明する文献類を見つければよいわけです。ところが適切な文献類がなかなか見つからず，ついに童話中にリング状の照明が描かれているのを見つけ，公知を証明する文献資料として用いて異議申立が認められたそうです。

　このエピソードの真偽は実は確認できていないのですが，少なくともありそうな話として，特許制度の特質をよく表しています。特許成立にはそのアイデアが公知でないことが必要とされますが，公知であることを証明する資料としては公に入手種可能な資料であることだけが要件であり，例えば幼児向けの童話でもよいわけです。また一方でランプをリング状にするという単純なアイデアほど，特許としては強力で，成立したときの影響が大きいことも示しています。またそのような重要発明を大企業の開発者ではなく個人発明家も出願できて，特許使用料でひと稼ぎできる可能性も示唆しています。

あとがき

　皆さんは，本書を読んでどう感じられたでしょうか？　進学を迷っていた人は進学意義を再認識できたでしょうか？　進学資金が心配だった人は生涯賃金の増加も期待し，奨学金も利用して進学する決断ができたでしょうか？　研究テーマの設定に悩んでいた人は頭の整理が進んだでしょうか？　学会発表の不安や就職の心配は軽減されたでしょうか？

　本書では進学の勧め，研究の進め方，学会発表や論文投稿の方法，英語発表のコツ，進路と就職，博士号の取得法，特許の取り方，と欲張りに話題を網羅しましたので，広く浅くの傾向になっている点は否めません。本書を読んで，各話題について詳しく知りたいと思い始めたのならぜひ次の段階に進んでください。これらの話題については，各話題を詳しく述べた専門書が多く出版されています。特に英論文執筆や特許出願に取り組む際には，おのおのの専門書の参照が必須と思います。

　本書は気楽に読めるガイドブックとして，皆さんが迷うであろう進路判断や遭遇しそうな課題について，道案内となることを意図しています。皆さんが迷子になりそうになったときに，効率よくルートを見つける助けになれば幸いです。一方，皆さんには，それらの課題について，「あまり深刻に考え過ぎず，気楽にやれば何とかなりそう」と感じて欲しいと思っています。専門の方々からは，内容がお気楽過ぎると顔をしかめられる部分もあるかもしれませんが，それは筆者としてはむしろ狙いどおりです。「楽観性」は研究者の重要資質の一つと言われています。研究の過程で次々と遭遇する難題に，深刻になり過ぎていては前へ進めません。難しそうな課題ほど，なるべく楽観的に考えた方がよいのです。

　皆さんが今後の人生設計について考える際に，本書がルート選定の参考になったと少しでも感じてくださることを願っています。

 謝　辞

本書の内容の多くは，筆者がNTT横須賀電気通信研究所に入所以来，研究の進め方，学会発表の仕方，論文の書き方等について，諸先輩方からいただいた懇切なご指導やアドバイスがそのベースとなっています。筆者はその後，東海大学工学部 光・画像工学科の教員となり，同僚の先生方から学生指導について多くの示唆をいただいたことが，本書に反映されています。本書の各節の内容は，筆者が学生への指導を積み重ねる間に，学生からのフィードバックを受けつつ蓄積・凝縮されてきたものです。筆者の研究室に在籍した全学生諸君が本書の内容に寄与していると言えますので，改めて面谷研究室の全員に感謝したいと思います。

NTT在職時に特に多くのご指導をいただいた星野坦之博士（元日本工業大学教授）に改めて深く感謝の意を表します。また，本書において研究意義の確認方法としてご紹介した研究3点セットは，NTTの研究所長を務められていた高野陸男博士の発案によるものであり，その慧眼に改めて敬意を表したいと思います。

東海大学において，本書の内容につながる多くのご示唆をいただいた諸先生方，特に多くのアドバイスをいただいた高橋恭介先生，中村賢市郎先生，若木守明先生，佐々木政子先生，三上修先生に感謝の意を表します。また同じく東海大学の前田秀一先生とは研究室行事や学会等でもご一緒させていただく機会が多く，多くの示唆をいただいたことに改めて感謝申し上げます。前田先生には本書の草稿段階から最終稿に至るまで懇切なアドバイスをいただき，本書の内容に数多く反映させていただきました。

本書の出版に関して，懇切な示唆と原稿への貴重なコメントをいただいた東京電機大学の矢口博之先生，神戸英利先生，出版までの丁寧なお世話をいただいた東京電機大学出版局の吉田拓歩氏に心より謝意を表します。

最後に，本書の推敲に根気強く協力してくれた妻の園子に感謝します。

著者プロフィール

面谷 信（おもだに・まこと）　工学博士

東京電機大学 理工学部 情報システムデザイン学系　特任教授
電子ペーパー，3D 表示，視覚認識等の研究に従事

1955 年　鳥取県境港市生まれ
1974 年　米子東高校卒業
1980 年　東北大学大学院 機械工学第二専攻 修士課程修了
　　　　　日本電信電話公社（現 NTT）入社，横須賀電気通信研究所勤務
1987 年　工学博士（東京大学）
1997 年　東海大学工学部 光学工学科　助教授
2002 年　東海大学工学部 光・画像工学科　教授
2020 年　東京電機大学 理工学部 情報システムデザイン学系　特任教授

［学協会活動］
　日本画像学会理事，日本印刷学会理事，International Display Workshops 代表理事
　JBMIA 電子ペーパーコンソーシアム委員長

［主な著書］
『デジタルハードコピー技術』（共著）共立出版，2000 年
『紙への挑戦　電子ペーパー』森北出版，2003 年
『電子ペーパー』（監修）東京電機大学出版局，2008 年
『トコトンやさしい電磁気の本』日刊工業新聞社，2016 年

大学院活用術　　理工系修士で飛躍するための60のアドバイス

2021年4月20日　第1版1刷発行　　　　　ISBN 978-4-501-63290-8 C3050

著　者　面谷　信
　　　　Ⓒ Omodani Makoto 2021

発行所　学校法人 東京電機大学　〒120-8551　東京都足立区千住旭町5番
　　　　東京電機大学出版局　Tel. 03-5284-5386（営業）03-5284-5385（編集）
　　　　　　　　　　　　　　Fax. 03-5284-5387　振替口座 00160-5-71715
　　　　　　　　　　　　　　https://www.tdupress.jp/

組版：徳保企画　　印刷：新灯印刷(株)　　製本：誠製本(株)
装丁：齋藤由美子
落丁・乱丁本はお取り替えいたします。　　　　　　　　　Printed in Japan